超人氣

FB+IG
+LINE

社群經營與
行銷力 第二版

關於文淵閣工作室

常常聽到很多讀者跟我們說：我就是看你們的書學會用電腦的。

是的！這就是寫書的出發點和原動力，想讓每個讀者都能看我們的書跟上軟體的腳步，讓軟體不只是軟體，而是提昇個人效率的工具。

文淵閣工作室創立於 1987 年，第一本電腦叢書「快快樂樂學電腦」於該年底問世。工作室的創會成員鄧文淵、李淑玲在學習電腦的過程中，就像每個剛開始接觸電腦的你一樣碰到了很多問題，因此決定整合自身的編輯、教學經驗及新生代的高手群，陸續推出 「快快樂樂全系列」 電腦叢書，冀望以輕鬆、深入淺出的筆觸、詳細的圖說，解決電腦學習者的徬徨無助，並搭配相關網站服務讀者。

隨著時代的進步與讀者的需求，文淵閣工作室除了原有的 Office、多媒體網頁設計系列，更將著作範圍延伸至各類程式設計、攝影、影像編修與創意書籍，如果您在閱讀本書時有任何的問題或是許多的心得要與所有人一起討論共享，歡迎光臨文淵閣工作室網站，或者使用電子郵件與我們聯絡。

- ■ 文淵閣工作室網站　　http://www.e-happy.com.tw
- ■ 服務電子信箱　　e-happy@e-happy.com.tw
- ■ 文淵閣工作室　粉絲團　　http://www.facebook.com/ehappytw
- ■ 中老年人快樂學　粉絲團　　https://www.facebook.com/forever.learn

總 監 製 ： 鄧君如	責任編輯 ： 熊文誠
監　　督 ： 鄧文淵・李淑玲	執行編輯 ： 黃郁菁、鄧君怡

本書特點

本書針對三個常見，而且使用率超高的社群工具：Facebook、Instagram、LINE 整理了 12 章的社群行銷心法，另外還超級加贈三章 "小編必備秘技" 附錄電子書以及四部影音教學，讓你學會三個社群平台的運作模式及優化技巧，外加 Threads、ChatGPT 兩大熱門工具，精準掌握內容行銷要訣，有效提升銷售業績！

設備與環境

考量 Facebook、Instagram、LINE 三個社群平台功能支援的完整性，與有利小編操作的前提下，各章學習前的設備與環境準備，可以參考如下說明：

- Part 02 ~ Part 05、Part 11 ~ Part 12：Facebook 粉絲專頁與社團、LINE 官方帳號，網頁版功能完整且易於操作，因此相關章節均會在電腦瀏覽器操作環境下，以網頁畫面介紹與說明。

- Part 06 ~ Part 09、Part 10：Instagram 網頁版功能支援較少，LINE 則需在行動裝置下註冊帳號、操作群組與社群功能，因此相關章節均會在行動裝置操作環境下，搭配 "Instagram"、"LINE" App，畫面以 iOS 系統為主 (敘述方式為 iOS 功能 (或 Android 功能))，Android 系統操作幾乎相同，只有少數圖示位置有所差異。

Facebook 新版介面

Facebook 在 2021 年陸續開放 "新版粉絲專頁" 體驗，至目前為止已全面改版成新版介面。本書粉絲專頁與社團章節，均以目前新版介面說明，若讀者操作相關章節時，發現書中某些設定圖片與自己看到的 Facebook 畫面有些許差異，即可能是因為版本關係！

Facebook 新版粉絲專頁介面，管理者可以輕鬆切換個人檔案和粉絲專頁，透過粉絲專頁管理者身分，方便查看像是：粉絲專頁動態消息、留言、重要資訊...等，或與用戶進行互動。

▲ 於畫面右上角選按帳號縮圖，再選按粉絲專頁縮圖即可快速切換。
   (若要切換其他粉絲專頁可選按 查看所有個人檔案。)

▲ 若要切換回個人檔案，一樣於畫面右上角選按個人帳號縮圖即可。

本書學習資源

本書附錄 A~C 為 PDF 格式電子檔，影音教學影片為 .mp4 檔案，請至下列網址下載：

http://books.gotop.com.tw/DOWNLOAD/ACV045600

選按 <小編必備秘技附錄電子書.zip>、<小編必備秘技影音教學.zip> 即可下載壓縮檔，請解壓縮後再使用；若後續有 Facebook、Instagram、Line 三個社群平台功能優化或變更的補充資源，也會置放於此處。

其內容僅供合法持有本書的讀者使用，未經授權不得抄襲、轉載或任意散佈。

目錄

 Part 01 人氣流量變業績 - 社群行銷的完美佈局

Part 02 快速聚粉變鐵粉 - 開始經營 Facebook 粉絲專頁

Part 03　拒絕粉專變粉磚 - 粉絲專頁進階管理

Part 04. 數位行銷的獲利方程式 - 網路開店與數位廣告

Part 05. 同溫層行銷挖掘社群金礦 - 深耕社團運作

Part 06 初探 Instagram - 設定個人與商業帳號

有效發文術 - 優化文字、相片與影片

 貼文觸及翻倍粉絲秒追蹤 - 善用 hashtag 與限時動態

Part 09. 跨社群打造商業品牌集客力 - Reels、直播、FB 與數據洞察

LINE 帳號商機新玩法 - 群組、社群通通來

與顧客 LINE 在一起 - 創建店家官方帳號

12 分眾經營集客術 - 官方帳號管理與行銷手法

附錄 A~C 採 PDF 電子檔方式提供，請讀者至

http://books.gotop.com.tw/DOWNLOAD/ACV045600 下載

附錄 A 想要粉絲人數激增，拍張好相片就對了！

附錄 B 小編快看！一定要知道的好用工具

一鍵安裝！LINE 官方帳號行動版全面升級

FB

IG

LINE

人氣流量變業績 - 社群行銷的完美佈局

網路普及的現在,許多個人及企業都懂得使用社群平台行銷自
己或是自家產品,但想要在百家爭鳴情況下取得一席之地,必
須先了解社群行銷的基本概念、關鍵守則與迷思。

什麼是社群？

從早期的 BBS、部落格，到現今流行的 Facebook、Instagram、LINE...等，這些 "社群" 已然成為大家創作、分享與互動的網路平台，更逐漸成為另一種熱門的網路趨勢！

關於社群

所謂的 "社群"，國外最早的說法為："網路社群是社會的集合體，當足夠數量的群眾在網路上進行足夠的討論，並付出足夠情感，形成以發展人際關係的網路社會，則虛擬社群因而形成。"

簡單來說，一群具有相同興趣的人聚集在一起的地方 (不單指某一特定地方或是管道)，像是 Facebook、Instagram、LINE、Twitter、YouTube...等有人群聚的平台，都稱之為 "社群"。

社群依興趣或目的聚集

社群的本質是人，Facebook、LINE、Instagram...這些媒體，都只是經營社群的工具。社群是由一群有共同興趣或目的人組合而成，將原本互不熟悉的彼此，透過創造共同點，逐漸形成有相同認知進而聚集。透過這樣的凝聚、互相回饋與交流的平台，店家可以從中創造機會以產品與服務吸引有興趣的人，累積社群能量。

TIPS 2 什麼是社群行銷？

有別於傳統行銷方式，社群行銷可以依據產品定位與顧客屬性選擇最有優勢的平台分眾推廣，為品牌打造高互動的行銷優勢。

關於社群行銷

根據台灣網路報告，國內上網人數多達 2,168 多萬人，整體上網率高達 90.7%，在數位網路活絡的情況下，不僅為經濟或社會、文化的發展帶來一股新的契機與行動力，網路行銷更成為一種新的經營模式。

所謂的 "社群行銷"，就是在聚集群眾的網路平台上，經營網路服務或行銷產品的過程。有別於電視台廣告、大型看板、傳單...等傳統行銷的範疇，透過 Facebook、Instagram、LINE...等社群媒體的傳播途徑，網路行銷的型態不僅多樣、創新、效率高、曝光時間長，更可以將行銷能量發揮到最大效益！

社群行銷的優勢

網路社群行銷的優勢包含以下幾點：

- **即時溝通，靈活度高**：可即時發表新品或是優惠訊息，再根據顧客的反應與變化調整行銷方式。

- **預算彈性，成效數據化**：行銷花費門檻較低，投遞時間的調整也更有彈性，每次投遞的過程都可以化成數據，清楚得知到目前為止有多少人看過這則廣告，以及後續的互動行為，讓你可以更明確的分析廣告成效，為企業挖掘更多潛在顧客。

- **受眾精準，投遞優化**：可以只針對目標受眾或是區域擬定行銷策略，讓你的貼文與廣告更精準的投遞，創造最合適的內容、產品來獲得更多的回應與好感度。

社群行銷要選哪一個？

社群平台各有特色，究竟什麼平台才適合你的品牌受眾？產品與品牌特性以及顧客屬性，是選擇社群平台的重要依據。

正確的選擇社群

每個社群平台都有其所屬的主要族群及使用偏好，如果想要選擇正確的社群平台做為行銷工具，就必須先分析主要客群與目標市場。

基本上 Facebook、LINE 的使用者超過八成，年輕人則較偏好 Instagram、YouTube，不同區域、不同年齡選用的社群平台可能都不一樣。

各社群平台的使用率及特性

根據台灣網路報告內容及 LINE 官方釋出的數據，目前國內社群平台使用率最高的是 LINE，其次為 Facebook 及 Instagram；而 LINE 在台灣約有 2,200 萬的用戶，每日訊息的傳遞超過 10 億次，平均一個人一天發超過 60 則以上訊息，以下表格簡單列出各社群平台的數據與特色：

	LINE	Facebook	Instagram
使用率	90.7 %	85.3 %	65.3 %
族群	適合各年齡層	25-55 歲	12-35 歲
呈現方式	文字、相片、影片...等多種格式。	文字為主，相片、影片為輔。	相片、影片為主，文字為輔。
特色與經營建議	發起群組或社群聚集顧客群，或是建立官方帳號，可即時宣傳品牌、提供折價券或解決顧客問題。	透過粉絲專頁經營品牌，可投入少許預算宣傳店家形象或推廣產品貼文。	拍攝精美的產品宣傳相片或影片，利用限時動態吸引目光，可投少許預算推廣品牌帳號，培養粉絲群。

社群經營關鍵要點

TIPS 4

社群平台不只是佈告欄，你必須做這幾件事才能讓粉絲成為品牌的擁護者，發揮社群最大效益。

品牌印象

想讓粉絲變顧客，需為品牌建立好印象。以下幾個項目是在經營社群時，務必特別注意的事項：

■ **大頭貼照**：使用店家或品牌的標誌或圖形符號，方便粉絲辨識。

■ **用戶名稱**：使用店家或品牌名稱，方便粉絲辨識，也可以再加上 "Store"、"Shop"...等關鍵字，更容易搜尋。

■ **網站**：利用店家網址或 Facebook 粉絲專頁連結網址，引導粉絲進入你的官方網店進行購物以及參加社群優惠活動。

■ **個人簡介**：用簡單幾句話介紹你的產品或服務，也可加入品牌概念說明，或可善用 # 或 @ 來標註相關主題標籤或合作夥伴名稱，提高店家的曝光率。

視覺取勝，用相片、影片說故事

社群行銷最搶眼的內容就是每一則貼文的相片、影片，因此在社群平台上行銷，相片是最關鍵的因素！依貼文主題為產品巧妙地搭配背景、燈光、擺設，再加入故事性、生活元素與品牌風格，生成一張張精美相片或一段影片，讓客群對產品留下深刻印象，達到推廣的效果也更能提升客群對品牌的信任度。

除了吸引人的產品相片，也可以分享服務過程相關的相片、影片、主題角色專訪或轉貼既有客群分享的貼文，以及品牌創立至今的相片與故事吸引客群注意。

現在的消費者很聰明，過去一板一眼的內容對他們來說較沒什麼吸引力，現在流行的是要有 "互動性"，拋開過去那種強調行銷的廣告貼文，多一點生活應用訊息或應景的節慶賀文、天氣近況問候文、冷笑話廢文...等，都可以拉近與粉絲的距離，讓他們覺得你是一位朋友，而不是一間冷冰冰的店家，這樣在行銷產品時，才能贏得他們的歡心。

設定行銷目標及客群

- **目標客群**：了解目標客群才能為社群經營帶來最大的價值，不管男性還是女性、學生、青少年、上班族、銀髮族或專業人士，依目標客群的需求設計文案主題與活動進行推廣，如果預算足夠還可以找合適的網紅或部落客為產品開箱。

- **行銷目標**：在進行任何行銷活動之前，必須訂定一個明確的目標，像是希望增加營業額、提高品牌的曝光度、建立品牌形象，還是希望找一位網紅為你推廣新產品增加更多追蹤者...等，有了清楚的行銷目標才可以有方向性的分析行銷策略，讓你投入的時間和金錢產生最大效益。

標註地點與 hashtag (#) 優化貼文

貼文中標註地點，可以觸及更多你所在地區的用戶。而 hashtag (#) 是全世界用戶的共通語言，用戶可以快速搜尋到你的貼文，而你的貼文也可能因為競爭對手和你用相同的 hashtag (#) 而增加曝光率將品牌延伸到其他潛在追蹤者。另外切記不要使用與品牌或產品不相關的標註，以免弄巧成拙引起用戶反感，使用 hashtag (#) 的技巧，應用簡短的關鍵字，比冗長的文字訊息來得更有效益。

TIPS 5 社群經營的 "搶讚" 迷思

不少免費的行銷技法可以增加社群貼文的 "按讚" 人數，並快速圈粉！不過有些迷思要注意，以免淪落成叫好不叫座。

如果可以同時獲得很多的 "讚"、"留言" 與 "分享" 人數，這固然很好，若不能三者兼得，建議盡量讓貼文內容被分享出去，原因如下：

- **按讚數字的迷思**：現在很多人對於按讚的態度，從初期的滿腔熱血，到後來變得意興闌珊，可是看到親友貼文又不好意思不捧場，就有人取笑說，很多時候按讚的意思等於週記本上的 "已閱" (表示我看過了)，所以，擁有高的按讚數字並不代表提高了轉換率與關鍵績效指標 (KPI)，更不代表會轉換成購買商品率。

- **Facebook 演算法**：透過大量訓練機器學習模型，判斷受眾對什麼樣的貼文感到興趣，並優先推播相關內容。這個演算法考量以下幾個重要因素：

  - **親密度**：與粉絲之間的交流，如果經常互動、私訊或共同參與群組，貼文會優先顯示給他們。

  - **互動程度**：如果一篇貼文受到許多粉絲的互動，如：按讚、留言、分享和點擊閱讀貼文...等，表示具有吸引力且引起共鳴，演算法會優先推播給更多的人來觀看。

  - **貼文類型**：各種類型的貼文，包括影片、照片、轉貼連結...等。

  - **貼文經過時間**：新貼文通常會被優先顯示。然而，如果一篇舊貼文獲得了新的按讚或留言，演算法會重新曝光它，使更多粉絲有機會看到和參與討論。

掌握上述要點後，透過發佈有價值的內容或是高品質影片，以及提供連結至優質的網站體驗，來增強與粉絲之間的互動關係。這樣不僅可以吸引他們的目光和興趣，同時也能達到促使他們按讚和留言的目的。

粉絲 (好友) 爆量的關鍵守則

TIPS 6

建立活動、留言真誠回覆、貼文文案以粉絲角度出發...等，這些貼心的舉動不僅能讓粉絲感到被重視，也會提高其回流率。

了解粉絲需求

直接問問題是最簡單的粉絲互動方式，建立良好的關係，鼓勵粉絲分享他們的感受與體驗。熱情的粉絲們不但會提供產品建議，也會回饋他們喜歡的商品類型。

另外也可以轉貼粉絲們 hashtag (#) 你的產品或標註店家帳號的貼文，讓粉絲一同參與店家的

各項互動；也可透過相片、影片或直播上傳一些 "幕後" 工作情況，展示採購、製作過程、試穿試用...等，加強產品印象，瞬間抓住粉絲目光。

制定客服標準

每個店家都會有一位至多位的小編協同回覆線上問題，舉凡產品規格、使用方式、訂價、退換貨、活動折扣...等都是最常見的粉絲提問，若店家沒有即時回答或答覆令粉絲覺得很不 OK，也會影響粉絲對店家的整體觀感。因此制定一套完善的客服標準不僅能提升顧客滿意度，對小編們來說也有個依循的方針。

鼓勵粉絲標註朋友

透過活動讓粉絲主動留言、標註 (@) 朋友，像是標註二位好友即可抽獎或送贈品，或利用想與好友分享的心態，當你的產品有足夠的吸引力、夠新奇有趣，粉絲就會想讓朋友也看看這則貼文，最快的方式就是標註 (@) 朋友。

被標註的朋友會收到通知，如此一來即可吸引更多人進來瀏覽店家貼文、追蹤你、與你聯繫交流，進而帶動業績成長。

回饋粉絲的動作 (留言、按讚、追蹤)

除了貼文、舉辦活動，針對平日貼文有留言的粉絲即時回應，讓粉絲感覺被重視。如果想吸引更多粉絲，也可試著由店家主動接觸，可先搜尋與自家品牌、商品名稱相關的 hashtag (#)，開啟其貼文後按讚或追蹤貼文用戶，引起對方注意。

定期發文，滿足粉絲期待

一定要每天發文嗎？其實只要能夠以粉絲角度去思考貼文文案，妥善安排內容，定期發文再搭配流行趨勢、年節與特別節日時刻發文，利用即時性增加粉絲黏著度，不必每天發文，也能擁有一群長期擁護你的粉絲。

FB

IG

LINE

Part
02

快速聚粉變鐵粉 - 開始
經營 Facebook 粉絲專頁

舉凡創業開店、學校招生、開班授課、選舉造勢、明星宣
傳...都可以透過 Facebook 粉絲專頁吸引關注、狂接地氣,加
上廣邀好友、善用貼文,設計活動、優惠,或進行直播...等方
式,加深粉絲黏著度!

TIPS 7
Facebook 粉絲專頁培養品牌鐵粉

粉絲專頁 主要針對商業化經營的公司或個人，粉絲人數無限制，屬性較為對外並且開放。

2023 年統計，Facebook 每日活躍人數首次突破 20 億，每月活躍人數則接近 30 億人，較去年同期增加 2%。而 Meta 旗下所有平台 (包括 FB 及 IG 等) 每日活躍人數為 29.6 億，相較去年同期增加 5%，每月活躍人數 37.4 億，相較去年同期增加 4%。

Facebook 網路黏度強，使用者可以透過網路，經由電腦、平板、智慧型手機...等管道聯繫所有會員。藉由社群力量，無論個人、社團，甚至是公司行號，都能在 Facebook 上聯繫與交流。

相較於個人動態時報與社團，Facebook 粉絲專頁更能協助公司、組織與品牌分享動態，與用戶連結。隨著 Facebook 的流行，粉絲專頁已經成為行銷時不能忽略的一環。

■ 申請資格

粉絲專頁的名稱不得包含不雅字詞、文法錯誤的英文大小寫或標點符號，也不能使用單一統稱用詞 (例如：披薩)，或一般地理位置 (例如：紐約)，描述或標語 (如：鎮上最棒的飲料店，為你提供最新鮮的果汁)，還有 "Facebook" 一詞的任何變化形。

如果希望為名人或組織在 Facebook 上建立一個代表性的頁面，但是你並非官方授權代表，建議可以建立 Facebook 社團，因為它能夠由任何用戶建立及管理。

■ 建立及管理的粉絲專頁數目

一個 Facebook 帳號管理的粉絲專頁數目沒有限制，所以每個帳號都可以建立及管理無限個粉絲專頁。

申請 Facebook 帳號

TIPS 8

建立粉絲專頁前，必須先擁有 Facebook 帳號。只要準備一個 E-mail 帳號，再輸入一些基本資料就可以申請，註冊完全免費！

以下簡單說明 Facebook 帳號的申請方式：

step 01 開啟瀏覽器，在網址列輸入「https://www.facebook.com」進入。

step 02 於首頁選按 **建立新帳號** 鈕，會顯示註冊表單，先在欄位中輸入姓氏、名字、電子郵件...等相關資訊，接著選按 **註冊** 鈕，確認電子郵件或手機號碼後，即可完成帳號註冊 (之後可完成大頭貼照上傳、基本資料填寫與搜尋朋友...等操作，建立個人檔案內容。)。

─ 小提示 ─

Facebook 帳號申請的注意事項

- Facebook 帳號是免費申請。
- 年滿 13 歲者才具有註冊 Facebook 的資格。
- Facebook 帳號為個人所使用，並不允許共同帳號。
- 每個手機號碼或電子郵件只能申請一個 Facebook 帳號。
- Facebook 推行實名制，要求在申請帳號時使用真實姓名，並允許增加別名。如此一來，帳號代表的不僅是一個虛擬名稱，而是真正可以互動的人。

建立粉絲專頁前的準備資料

TIPS 9

創建粉絲專頁步驟簡單又快速,建立前請依照下方說明準備相關的資料。

■ 粉絲專頁名稱

好的名字等於成功的一半!一個好的粉絲專頁名稱,簡潔、有力,更要好記好找,店家多會直接使用公司名稱命名,或可以從產品服務關鍵字思考。

■ 封面相片

剛進入粉絲專頁時,首先映入眼簾的就是封面相片,所以第一件事當然就是為全新的粉絲專頁新增封面相片。這個動作對於粉絲專頁的風格表達十分重要,當團隊組織、企業公司有新消息或新活動時,不妨更換封面相片進行宣傳,效果會很好喔!

■ 大頭貼

大頭貼代表粉絲專頁的風格,為粉絲專頁設計一個顯眼而具代表性的大頭貼,不僅能加深瀏覽者印象,也能夠協助其他粉絲找到這個粉絲專頁,許多店家會選擇使用 LOGO 標誌作為大頭貼。

■ 專頁詳細資訊

為粉絲專頁加入店家描述,除了一般業務內容,還要包含營業時間和聯絡方式,讓用戶可以快速找到你。

■ 粉絲專頁用戶名稱

為粉絲專頁設定一個好記的用戶名稱 (短網址),這個名稱顯示在粉絲專頁的自訂網址中,瀏覽者可以更容易尋找,甚至能牢記你的粉絲專頁。(可參考 P2-12)

TIPS 10 粉絲專頁封面相片使用注意事項

餐廳裡受歡迎的菜色、鞋店中熱賣的球鞋相片...等,都是粉絲專頁很好的封面素材,不僅可以吸引粉絲,還能突顯最新活動與專頁特色。

進入粉絲專頁,第一眼看到就是大大的封面相片,透過一些主題素材的搭配,再加些創意,就能呈現充滿設計感,又兼具巧思的封面相片,捉緊粉絲目光。

▲ 粉絲專頁的封面相片可以突顯活動與專頁特色

粉絲專頁的封面相片均為公開顯示,所以選擇內容時需注意:

■ 使用最能代表粉絲專頁的獨特相片,像是最受歡迎的菜色、專輯封面或顧客使用你產品的相片。運用創意,並測試粉絲反應最熱烈的相片。

■ 上傳相片前,檢視封面相片的尺寸。

■ 確認你的封面相片遵守粉絲專頁使用條款。因為所有的封面相片都是公開,並且不應該以文字為主,其中所呈現的內容不能造假、欺騙或誤導或不能侵犯第三方合作夥伴的智慧財產權,也不能鼓勵或誘導他人上傳你的封面相片到他們個人的動態時報上。

小提示

Facebook 粉絲專頁使用條款

關於粉絲專頁中的文字、圖片、影片等相關內容使用時的注意事項可以參考:
https://www.facebook.com/policies/pages_groups_events

粉絲專頁的封面相片與大頭貼尺寸

TIPS 11

封面相片與大頭貼相當重要,設計時除了內容需考量,尺寸也要注意,加上不同創意讓人對你的粉絲專頁加深印象,提高加入意願。

▲ 粉絲專頁封面相片與大頭貼的尺寸示意圖

粉絲專頁的大頭貼照,在桌上型電腦的粉絲專頁畫面上顯示為 176 x 176 像素,在智慧型手機上是 196 x 196 像素,會裁切成圓形。

粉絲專頁的封面相片,會靠左對齊,並以滿版和 16:9 長寬比顯示,寬最小為 400 像素、高最小為 150 像素。封面相片的左側會被大頭貼照遮掉一部分,且可能會經過裁切和調整大小,以適應不同螢幕。

	封面相片	大頭貼
一般畫面	851 × 315 像素	176 × 176 像素
手機畫面	851 × 315 像素	196 x 196 像素

無論是封面相片或是大頭貼,若含有標誌或文字,建議可以使用 PNG 檔案取得較高品質的呈現。

建立粉絲專頁

TIPS 12

了解粉絲專頁新增前需要注意的地方、建立步驟,與封面、大頭貼使用的準則及尺寸...等前置作業後,接下來就是申請粉絲專頁囉!

快速申請粉絲專頁

step 01
於 Facebook 首頁 (需先登入個人帳號),於畫面右上角選按 ⊞ \ **建立** 項目下 **粉絲專頁** (或選按 **社交** 項目下 **粉絲專頁**,左側選按 **+建立新專頁**)。

step 02
建立粉絲專頁 中依序輸入相關資料 (若沒有符合的 **類別**,請選擇最相近的項目。),過程中可透過畫面右側 **桌面版預覽** 即時瀏覽呈現效果,完成後選按 **建立粉絲專頁** 鈕。

step 03
先不輸入聯絡資料,選按 **繼續** 鈕,接著選按 **新增大頭貼照** 開啟對話方塊,選取製作好的相片後選按 **開啟** 鈕。

step 04　選按 **新增封面相片** 開啟對話方塊,選取製作好的相片後選按 **開啟** 鈕,再依步驟選按 **繼續**、**略過**、**繼續** 鈕,最後選按 **完成** 鈕。

更換封面相片及大頭貼

封面相片及大頭貼,可以依季節、活動或是主打產品...等訊息更新,讓瀏覽的粉絲時時保持新鮮感。選按封面相片右下角 **編輯封面相片** 鈕,或大頭貼下方 📷 ,除了可以透過已上傳或再次上傳的相片更換封面或大頭貼,也能調整位置或刪除。

設定粉絲專頁資訊

TIPS 13

粉絲專頁首頁的 **關於** 可以呈現類別、簡介、聯絡資料、地址、營業時間...等資訊,讓訪客對這個粉絲專頁的服務有初步的了解。

編輯基本資料

於 **管理粉絲專頁** 功能表選按 **關於** 頁籤,開始檢視並編輯粉絲專頁的相關資料。欄位會依 **類別** 而有所不同,建議逐一完整填寫每個欄位資訊,讓粉絲可以更了解你。

基本資料說明

以下針對設定的欄位,說明如下:

■ **類別**:這是最基本但也最重要的設定,這欄位的資料會顯示在搜尋結果中,對於粉絲專頁的推廣相當重要。指定 **類別** 時,建議盡量明確具體。例如:指定 "義大利餐廳",而不是 "餐廳",最多可指定三種類別,讓粉絲深入瞭解提供的服務。

關於	類別
聯絡和基本資料	咖啡館・餐廳
隱私與法令資訊	**聯絡資料**
學歷與工作經歷	⊕ 新增地址
住過的地方	⊕ 新增服務區域
粉絲專頁資訊透明度	⊕ 新增電話號碼
家人和感情狀況	⊕ 新增電子郵件地址
你的相關資料	
生活要事	

- **聯絡資料**：有 **地址、服務區域、電話號碼** 及 **電子郵件地址**，建議盡可能輸入完整資料，粉絲才能在專頁上根據這些資料與你聯絡，對於業務或行銷有很大幫助。於要新增的項目選按 ⊕，輸入完成後再選按 **儲存** 鈕。

- **網站和社群連結**：除了可以標示官方網站外，還可以在粉絲專頁此單一平台連結所有自己經營的社團或特定主題社群。於要新增的項目選按 ⊕，輸入完成後再選按 **儲存** 鈕。

- **基本資料**：有 **Wi-Fi 網路名稱、營業時間、價格範圍、服務、語言**…等項目，建議盡可能輸入完整資料，方便粉絲參考，也能節省許多回答問題的時間。於要新增的項目選按 ⊕，輸入完成後再選按 **儲存** 鈕。

TIPS 14 更改粉絲專頁名稱

因為公司名稱變更需要修改粉絲專頁名稱時,管理員必須向 Facebook 提出申請審核。

step 01　於 **管理粉絲專頁** 功能表選按 **設定**,**姓名** 右側選按 **編輯**,在欄位輸入想要置換的粉絲專頁名稱,再選按 **檢視變更** 鈕。

step 02　這時會跳出 **確認名稱變更要求** 視窗,輸入密碼後,選按 **要求變更** 鈕,待名稱變更獲得批准即會發現專頁名稱已經完成變更 (需重整網頁才能看到)。(選按畫面右上角粉絲專頁縮圖 \ **你的巷弄咖啡館** (粉絲專頁名稱) 可以回到 **管理粉絲專頁** 功能表)

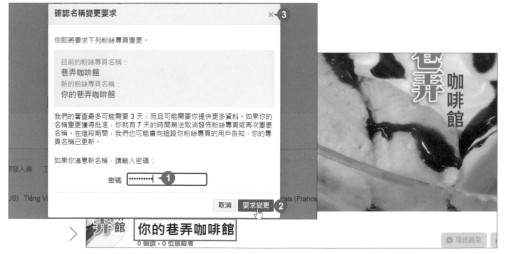

用戶名稱的使用契機、限制與秘訣

TIPS 15

用戶名稱,就是 Facebook 網址,也就是俗稱的 "短網址"。一個好的用戶名稱,不但好記又容易搜尋,還可以在 Facebook 上透過粉絲專頁短網址宣傳公司、品牌,甚至用於傳單、網站與名片上。

為什麼要建立用戶名稱?

粉絲專頁建立完成後,預設的專頁網址是由 Facebook 網址加上專頁名稱與編號。使用上雖然沒有問題,但若想要推廣或告訴朋友,不僅網址很長,又充滿代號、數字,輸入起來十分不方便。如果能夠使用一個有意義又簡短的網址,就很容易分享給朋友!

因此 Facebook 提供粉絲專頁的管理者,可以設定一個獨一無二的 **用戶名稱**,組合成簡短網址,格式為:https://www.facebook.com/用戶名稱。

使用限制

■ 無法使用其他用戶已使用的用戶名稱。

■ 設定者必須是粉絲專頁的管理員，才能替粉絲專頁設定用戶名稱。

■ 每個 Facebook 粉絲專頁僅可擁有一個用戶名，不能申請多個用戶名稱。

■ 用戶名稱是不能轉讓，不能將它過繼給其他粉絲專頁。

■ 用戶名稱至少必須包含 5 個字元。

■ 用戶名稱只能包含字母與數字字元 (a-z、0-9) 或英文句點 (.)，並必須至少有一個字母。要特別注意的是句點 (.) 和英文大寫不算是用戶名稱的一部分。例如：4ucafetw、4uCafeTW 和 4u.cafe.tw 都被視為是相同的用戶名稱。

使用秘訣

專頁用戶名稱最好要直接好記，因為它會成為專頁的網址代表。建議如下：

■ 以推廣的人物或企業名稱為用戶名稱 (如 4ucafe.tw、eHappyStudio)，這樣一般人可以很容易因為網址就聯想到專頁要介紹的人物或企業，對於行銷很有幫助。如果你的粉絲專頁是關於品牌或服務相關特定主題，可選擇適合該主題的名稱為用戶名 (如 Photographer)。

■ 在命名時也可以包含句點及英文大寫，讓整個用戶名易於閱讀，也容易記憶，也不會對用戶尋找專頁時造成影響。

■ 許多人會直接以個人或企業官方網站的網址做為用戶名，不僅好讀好記，也能彼此呼應，對行銷很有幫助 (例如：www.facebook.com/ehappy.tw)。

facebook

TIPS 16 建立用戶名稱及網址

認識用戶名稱的使用限制與秘訣後,接下來就實際建立粉絲專頁的專屬網址。

step 01　於 **管理粉絲專頁** 功能表選按 **設定**,**用戶名稱** 右側選按 **編輯**,在欄位中輸入要申請的用戶名稱 (遵守 Facebook 用戶名稱使用限制),再選按 **儲存變更** 鈕。

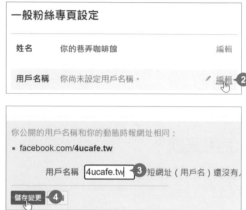

step 02　於對話方塊輸入密碼後,選按 **提交** 鈕,設定完成後,就可以看到簡短網址了,趕快將這個網址分享給所有的朋友吧!

┌─ **小提示** ─────────────────────────────┐

粉絲專頁用戶名稱網址的其他表達方式

你也可以使用 "fb.me/ 用戶名稱" 網址格式,用更簡短的網址分享粉絲專頁。

└──────────────────────────────────────┘

修改用戶名稱

TIPS 17

如果不小心拼錯粉絲專頁所代表的用戶名稱，仍有機會可以修改。

step 01　於畫面右上角選按粉絲專頁縮圖，再選按粉絲專案名稱可以回到 **管理粉絲專頁** 功能表，選按 **設定**。

step 02　接著於 **用戶名稱** 右側選按 **編輯**，欄位中輸入想要置換的用戶名稱，再選按 **儲存變更** 鈕完成設定 (如跳出 **請重新輸入密碼** 視窗，需輸入密碼才能完成變更。)。

邀請朋友加入粉絲專頁

TIPS 18

完成粉絲專頁的基本建置,再來就是邀請親朋好友加入!藉由朋友們的影響力將粉絲專頁的消息擴散出去,將粉絲全部拉進來!

step 01　回到粉絲專頁首頁,選按 **⋯** \ **邀請朋友**,這時會跳出 **切換個人檔案** 視窗,選按 **Swith** 鈕切換至個人檔案。

step 02　於視窗中 **未邀請** 標籤核選想要邀請的朋友,再選按 **傳送邀請** 鈕,被邀請的朋友就會收到一則對你的粉絲專頁按讚的邀請訊息。

▲ 邀請者　　　　　　　　　　　　　▲ 被邀請者

step 03　最後選按畫面左側功能表最下方的 **切換** 鈕,可以再次切換回粉絲專頁的身分。

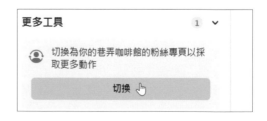

發佈文字或相片貼文

在粉絲專頁貼上文字、相片...等資訊，與在個人動態時報上貼文的操作相似，但在粉絲專頁卻有特殊設定，能讓資訊的顯示更加聚焦。

文字貼文

於畫面右上角選按 ⊞ \ **建立** \ **貼文**，確認分享對象是 **所有人**，視窗中輸入文字後選按 **發佈** 鈕。

相片貼文

建立貼文時如果想要上傳相片，可以選按 🖼 開啟對話方塊，選擇要上傳的相片後，選按 **發佈** 鈕。

發佈影片貼文

除了文字與相片，還可以利用影片表現貼文的內容，讓粉絲專頁的動態消息豐富多樣、"動靜" 皆宜。

step 01 於畫面右上角選按 ⊞ \ **建立** \ **貼文**，選按 🖼 開啟對話方塊，再選按 **新增相片 / 影片**，選擇要上傳的影片後，選按 **開啟** 鈕。

step 02 於 **建立貼文** 視窗左上角可以看到目前影片上傳進度，輸入介紹文字後，選按 **影片選項** 鈕。

於 **Video title** 輸入影片標題，**新增標籤** 輸入相關標籤，並以半形逗號或
分號分隔，設定完成選按 **儲存** 鈕，再選按 **發佈** 鈕。

這時會出現處理影片貼文的訊息，完成後影片貼文隨即發佈，並會傳送
通知。

facebook

TIPS 21 建立活動

活動的舉辦除了可以透過 Facebook 通知、收集出席名單、溝通留言以外，甚至還能連結購票或報名畫面。

建立與設定

step 01 於畫面右上角選按 ⊞ \ 建立 \ 活動。

step 02 畫面中，分別設定如：**活動名稱、開始日期和時間、結束日期和時間、這是現場還是線上活動**...等項目，最後選按 **建立活動** 鈕。

邀請、分享與編輯活動

完成活動的舉辦後，會進入如下的詳細活動畫面。選按 ➔ 可以複製連結邀請其他人或分享到動態消息；如果想要修改活動內容，可以選按 **編輯**；另外選按 ⋯ ，則是可以看到其他編輯功能，其介紹如下：

■ **通知設定**：設定調整 Facebook 發出的行動推播通知。

■ **複製活動**：有相似或是定期活動，可以用複製功能產生新活動。

■ **匯出賓客名單**：將所有賓客名字與狀態匯出為 *.csv 檔案。

■ **將活動釘選到「精選」區塊**：將活動貼文連結顯示在粉絲專頁貼文頂端的 **精選** 區塊。

■ **取消活動**：可以核選 **取消活動** 或 **刪除活動**。

─ 小提示 ─

返回粉絲專頁畫面

於畫面下方 **認識主辦人** 選按粉絲專頁名稱或 **查看**，可以回到粉絲專頁首頁。

TIPS 22 建立直播視訊

直播視訊的即時性能與粉絲近距離接觸,無論是教學演講、即時活動、遊戲實況,甚至是抽獎或流行的拍賣直播都能派上用場。

開始直播

建立直播視訊的方式十分簡單,如果使用電腦,先準備好視訊攝影鏡頭及麥克風;若是使用手機,只要安裝 Facebook App,就可以直接使用手機的鏡頭與麥克風,應用上更加方便。

step 01 於粉絲專頁首頁,選按 **直播視訊** 進入設定畫面 (若出現要求權限對話方塊,選按 **允許**。),再選按 **開始直播** 鈕。

step 02 設定 **選擇視訊來源**、**相機控制項**...等項目,並輸入直播視訊的標題與說明,選按 **開始直播** 鈕即可開始直播。

step 03 進入直播狀態時，畫面中會顯示直播畫面及相關數據，還可以透過右側留言窗格與觀看直播的粉絲互動；要結束直播時，選按 **結束直播視訊** 鈕，再選按 **結束** 鈕。

step 04 直播結束後，可選按 **查看貼文** 立即觀看剛剛直播的成果，或是選按 **修剪影片**、**從你的影片製作片段** 剪輯影片內容；若不想保留直播影片則選按 **刪除影片並返回動態消息**。

下載直播視訊

開啟直播視訊貼文觀看狀態下，選按右上角 ⋯ \ **下載影片**，就可將影片下載到本機電腦。

貼文置頂設定

在粉絲專頁，Facebook 允許管理者對於重要貼文套用置頂效果，讓粉絲一進入專頁就能看到這則訊息。

step 01 於粉絲專頁首頁，移動到要設定的貼文區塊，選按右上角 ⋯ \ **置頂貼文**，完成後最上方即會產生 **精選** 區塊，並將置頂貼文集中於此區塊中。

step 02 如果要移除置頂貼文的設定，可以於 **精選** 區塊右上角選按 **管理**，再選按置頂貼文右上角 ⋯ \ **取消置頂** (二則以上置頂需再選按 **完成**)。

設定排程貼文

使用排程功能在固定時間發佈貼文，可以有效提升粉絲專頁貼文的能見度與觸及率。

step 01　於 **管理粉絲專頁** 功能表選按 **Meta Business Suite**，以新分頁開啟商業管理畫面，接著選按 **建立貼文** 鈕。

step 02　完成貼文內容建置後，於 **排程選項** 選按 **排定時間** 鈕，設定發佈日期與時間後選按 **排定時間** 鈕。

step 03 排定的時間未到前，粉絲專頁上並不會顯示這則貼文，可以於畫面左側選按 🖻 **內容 \ 貼文和連續短片 \ 已排定發佈**，查看所有排程貼文。

如果想要管理排程貼文，可以於該貼文右側選按 ⋯，清單中提供 **編輯貼文、複製貼文、重新排定發佈時間、移到草稿、刪除貼文**...等操作。

如果貼文想改為馬上發佈，可以先核選該貼文，再於預覽畫面右下角選按 **立即發佈** 就會直接發佈貼文了。

更改貼文日期

管理員可以將粉絲專頁的貼文日期，往前變更為過去的日期，但無法變更為未來的日期。

於粉絲專頁首頁，移動到要更改日期的貼文，選按右上角 ⋯ \ **編輯日期**，視窗中設定要變更的日期或時間後，選按 **完成** 鈕。

再次編輯貼文

若要修改已發佈的貼文內容，可以透過編輯修改，但無法編輯活動、優惠，或屬於廣告行銷活動內容的貼文。

於粉絲專頁首頁，選按要編輯的貼文右上角 ⋯ \ **編輯貼文**，視窗中修改貼文的內容後，選按 **儲存** 鈕。

facebook

 TIPS 27 ## 刪除貼文
出現爭議或不想顯示的貼文，可以使用刪除功能將貼文從粉絲專頁永久移除，包括粉絲專頁的活動記錄。

於粉絲專頁首頁，移動到要刪除的貼文，選按右上角 ⋯ \ **移到垃圾桶**，出現確定刪除視窗，選按 **移動** 鈕。

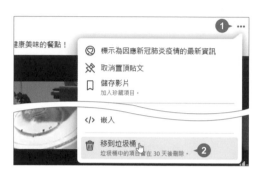
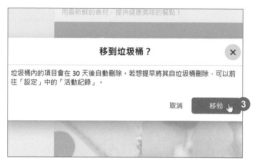

 TIPS 28 ## 嵌入貼文
嵌入 功能可以把粉絲專頁裡的完整貼文內容，原汁原味地呈現到 Facebook 以外的網站或是部落格，而不是僅提供貼文連結。

⚡step 01⚡ 於粉絲專頁首頁，移動到要設定嵌入的貼文，選按右上角 ⋯ \ **嵌入**。

step 02 在視窗中會看到欲嵌入的貼文外觀，如果想包含貼文內文可以核選 **包含 完整貼文**，再選按 **複製代碼** 鈕。

step 03 進入個人管理的網站或其他部落格站台，在訊息或網誌張貼內容介面， 選擇 HTML 格式，然後貼上剛剛複製的程式碼，送出後可以看到以內嵌 方式所呈現的該則貼文。

facebook

建立行動呼籲按鈕

TIPS 29

在粉絲專頁封面相片右下角加入一個顯眼的行動呼籲按鈕，可以讓使用者選按後前往指定的網站或應用程式。

加入行動呼籲按鈕

許多人會為自己的公司、單位或團隊建立粉絲專頁，在經營過程中，常會希望將 Facebook 的粉絲導回自己的公司網站，或一個活動頁面，甚至是自己的應用程式。行動呼籲按鈕就是管理者在粉絲專頁上加入一個按鈕，讓粉絲可以在選按後導向指定的網站、頁面或應用程式。

加入一個 **行動呼籲** 按鈕，讓粉絲在選按後能夠導向公司網站的聯絡表單頁面，操作方式如下：

step 01
於粉絲專頁首頁，選按封面相片右下角 ⋯ \ **新增行動呼籲按鈕**。在 **行動呼籲按鈕** 畫面中 (如果第一次使用需先選按 **立即試用** 鈕)，有許多不同類型的按鈕，核選 **聯絡我們**，再選按 **繼續** 鈕。

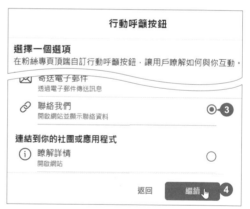

step 02
欄位中設定要前往的 **網址**，選按 **儲存** 鈕。

變更行動呼籲按鈕

行動呼籲按鈕建立後，如果想要變更按鈕，可選按 ⋯ \ **編輯行動呼籲按鈕**，再選按 **變更按鈕**，接著設定要變更的按鈕類型，最後選按 **儲存** 鈕。

刪除行動呼籲按鈕

因為一次只能加入一個行動呼籲按鈕，如果要換成其他按鈕時，可以先刪除原來的按鈕。管理者選按 ⋯ \ **編輯行動呼籲按鈕** \ **刪除按鈕**，再選按 **確認** 鈕。

小提示

使用行動呼籲按鈕

行動呼籲按鈕建立後，一般粉絲會看到 **聯絡我們** 按鈕，選按後會開啟指定網站。

TIPS 30 善用限時動態強力曝光粉絲專頁

透過粉絲專頁的限時動態,為粉絲提供不同形式的互動內容,不僅可以吸引粉絲注意,更是產品、活動或品牌宣傳最夯的曝光管道。

要將相片或影片分享到粉絲專頁的限時動態時,需注意:

■ 必須為粉絲專頁的管理員或編輯。

■ 雖然電腦版也可以新增限時動態,但功能相對簡略,建議透過行動裝登入 iOS 版或 Android 版的 Facebook App 操作。

step 01 開啟行動裝置上的 Facebook App 並登入個人帳號。點選帳號縮圖,於 **功能表** 畫面點選要建立限時動態的粉絲專頁,再點選 **切換**。

step 02 切換到該粉絲專頁畫面,點選 **限時動態 \ 建立限時動態**,然後允許 Facebook 取用相片和影片。

<div class="step">

step 03　除了可以透過 **相機膠卷** 選擇單一相片或影片；也可以點選 **選擇多個**，選擇多張相片或多部影片後點選 **下一步** 鈕；甚至可以點選 🔘 立即拍照或錄影。

step 04　在相片或影片上，可以利用 🙂、Aa、🎵、🔅、〰️ 加入貼圖、文字、音樂...等完成後點選 **分享到限時動態** 即可將相片或影片分享到限時動態。

step 05　之後回到粉絲專頁 🏠 畫面，點選 **你的限時動態** 可以瀏覽限時動態效果，24 小時隨即消失，點選限時動態右上角 ⋯ 可開啟更多操作選項。

</div>

小提示

建立限時動態的其他方法

除了利用 **相機膠卷** 或立即拍照、錄影建立限時動態，還有以下幾種建立方法：

- **文字**：可設定字體、顏色、對齊方式或產生動態效果的純文字限時動態。
- **音樂**：加入所選歌曲片段，在限時動態播放音樂，部分歌曲會顯示歌詞。
- **Boomerang**：可以連拍多張相片，製作出 4 到 5 秒循環播放的短片。
- **自拍**：透過自拍及相關特效建立限時動態。

NOTE

FB
IG
LINE

拒絕粉專變粉磚 -
粉絲專頁進階管理

經營粉絲專頁，除了管理介面、各項權限與設定的認識，不論是建立管理員、貼文或訊息的處理、相片或相簿、留言限制...等功能，都可以讓粉絲專頁的管理事半功倍。

認識粉絲專頁的管理介面

TIPS 31 以管理員身分進入粉絲專頁中，可以透過畫面左側 **管理粉絲專頁** 功能表各項功能，達到管理粉絲專頁的目的。

管理粉絲專頁 功能表不受捲動影響，維持在畫面左側，方便管理者選按所需功能。以下說明常用功能：

■ **專業主控板**：集中一處取得洞察報告、使用管理工具和建立廣告。

■ **洞察報告**：查看粉絲專頁總覽、成效最佳的貼文和最新內容。

■ **廣告中心**：管理廣告和查看成果。

■ **刊登廣告**：建立廣告以達成特定成果。

■ **設定**：變更粉絲專頁名稱、隱私設定、粉絲專頁管理權限...等功能。

■ **Meta Business Suite**：Meta 商務套件，提供了整合性的平台，可管理多個 Facebook 粉絲專頁、Instagram 商業帳號的動態貼文，並查看相關成效數據、收件匣...等功能。

粉絲專頁的基本管理權限

TIPS 32

在開始管理粉絲專頁前，先了解設定清單中有哪些常用且重要的功能與權限。

於 **管理粉絲專頁** 功能表選按 **設定**，相關項目說明如下：

管理粉絲專頁	設定	一般粉絲專頁設定
你的巷弄咖啡館	⊗ 你的巷弄咖啡館	姓名　　　　你的巷弄咖啡館
🗄 專業主控板	🔒 隱私	用戶名稱　　你尚未設定用戶╱
🗐 洞察報告	🗂 新版粉絲專頁體驗	
📣 廣告中心	🔔 通知	
🖉 刊登廣告	🔗 已連結的帳號	
⚙ 設定 🖑	▶ 影片	
更多工具	◈ 品牌置入內容	
⊙ Meta Business Suite		

1. **你的巷弄咖啡館** (粉絲專頁名稱)：粉絲專頁 **姓名** 與 **用戶名稱** 設定。

2. **隱私**：提供 **隱私** 基本設定與工具外，另有 **Facebook 粉絲專頁資訊、粉絲專頁和標籤、公開貼文、封鎖、限時動態、Reels**...等相關項目。

3. **新版粉絲專頁體驗**：設定粉絲專頁的管理權限或查看管理紀錄，也可檢視 **粉絲專頁品質** 是否有違反規定，另有 **進階訊息、資料分享、品牌置入內容**...等相關項目。

4. **通知**：設定各種通知是否接收，以及接收的方式。

5. **已連結的帳號**：設定粉絲專頁與 **Instagram、WhatApp** 帳號的連結。

6. **影片**：在 Facebook 使用粉絲專頁身分瀏覽影片時，可以設定影片預設播放狀態，如：**畫質、是否自動播放、顯示原文字幕或多文發佈**...等項目。

7. **品牌置入內容**：會開啟 Meta 品牌合作管理平台畫面，可設定 **品牌置入內容、廣告權限、品牌置入標籤**...等相關項目。

選按畫面右上角粉絲專頁縮圖 \ **你的巷弄咖啡館** (粉絲專頁名稱) 可回到 **管理粉絲專頁** 功能表。

探索粉絲專頁上的活動紀錄

Facebook 粉絲專頁的管理動作千頭萬緒,可透過 **活動紀錄** 功能,看到所有分類過的操作動作以時間排序紀錄。

活動紀錄的查詢相當重要,尤其有一些操作在執行完畢後,並無法在粉絲專頁上找到它所在的位置。例如管理粉絲頁貼文時,隱藏和刪除的貼文,必須透過 **活動紀錄** 才能找到;或是發表在粉絲專頁的垃圾訊息被檢舉和移除後,也必須回到活動紀錄才能找到。

step 01 於 **管理粉絲專頁** 功能表選按 **設定 \ 隱私 \ Facebook 粉絲專頁資訊**,於 **管理你過去的動態** 右側選按 **查看**。

step 02 在 **活動紀錄** 畫面中,左側顯示紀錄分類,右側顯示目前分類的紀錄內容,紀錄內容會依最新到最舊排序顯示。(可以選按畫面右上角粉絲專頁縮圖 \ **你的巷弄咖啡館** (粉絲專頁名稱) 回到 **管理粉絲專頁** 功能表)

活動紀錄	篩選條件	
··· 儲藏盒 ∨		你搜尋過的影片
🗑 垃圾桶		你看過的影片
審查你被標註在內的貼文		
審查你貼文內的標籤		Q 搜尋紀錄

設定粉絲專頁的通知

TIPS 34

管理粉絲專頁時如何即時得知有粉絲留言貼文,或是有粉絲以訊息聯絡你?可以在粉絲專頁中設定通知。

除了可以在粉絲專頁上收到通知訊息,還能透過電子郵件或行動裝置上的推播通知,甚至利用簡訊接收通知,讓你不漏接任何粉絲專頁的動態。

當然過多的訊息通知也會讓人困擾,你可以設定要收到哪些通知及通知方式。

step 01
於 **管理粉絲專頁** 功能表選按 **設定 \ 通知**。

step 02
接收到的通知包含 **標籤**、**提醒**、**社團**、**影片** 與 **活動**...等,依粉絲專頁管理需求選按 ⚪ 或 ⚫,開啟或關閉該項目。

step 03
選按畫面右上角粉絲專頁縮圖 \ **你的巷弄咖啡館** (粉絲專頁名稱) 回到 **管理粉絲專頁** 功能表。

facebook

 TIPS 35 授予、編輯或移除粉絲專頁管理權限

擁有 Facebook 完整控制權的成員，可管理粉絲專頁或編輯工作權限，並隨時變更其他成員的管理權限。

授予 Facebook 管理權限或工作權限

人員可以依據 Facebook 管理權限或工作權限的授予，協助管理粉絲專頁，下面以新增 **有工作權限的人員** 來說明：(必須擁有完整控制權的 Facebook 管理權限的人員，才可以管理粉絲專頁管理權限，相關權限說明可參考 P3-7。)

step 01 於 **管理粉絲專頁** 功能表選按 **設定 \ 新版粉絲專頁體驗 \ 粉絲專頁管理權限**，切換至 **管理與查看權限** 畫面，於 **有工作權限的人員** 右側選按 **新增**。

step 02 會顯示工作權限的相關說明，確認後選按 **下一步** 鈕，再輸入要新增人員的帳號 (電子郵件)，於下方選按該人員帳號。

⚡ **step 03**

針對欲授權管理的項目，選按 ⬜ 呈 🔵 狀，選按 **提供管理權限** 鈕，輸入 Facebook 密碼後，選按 **確認** 鈕，待對方收到通知後，選按 **接受** 鈕，即可新增一名擁有此粉絲專頁工作權限的管理人員。

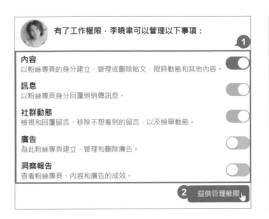 

編輯工作權限、變更或移除管理權限

⚡ **step 01**

選按該管理人員名稱右側 ⋯ \ **編輯工作**，可變更工作權限；選按 **變更管理權限層級**，可將 **有工作權限的人員** 變更為 **有 Facebook 管理權限的人員**。

⚡ **step 02**

若要移除管理權限，選按 ⋯ \ **移除管理權限**，再輸入密碼後，選按 **確認** 鈕，該人員再也無法管理此粉絲專頁。

粉絲專頁的管理權限

在粉絲專頁管理權限中，區分為 **Facebook 管理權限** (完整控制權與部分控制權) 及 **工作權限**，以下以表格整理二者差異。

■ **Facebook 管理權限**：將粉絲專頁的 Facebook 管理權限授予信任的人員，讓對方擁有具完整控制權或部分控制權的 Facebook 管理權限。

■ **工作權限**：將粉絲專頁的工作權限授予信任的人員，讓對方協助你管理粉絲專頁。對方無法切換到新版 Facebook 粉絲專頁，不過可以運用其他 Facebook 提供的工具來管理獲授予存取權限的功能。

	有 Facebook 管理權限的人員	有工作權限的人員
授予或移除管理權限	✓	
管理、編輯所有設定及刪除粉絲專頁	✓	
移除或封鎖粉絲專頁用戶	✓	
新增、管理或移除連結的帳號 (如：Instagram)	✓	
建立、管理或刪除貼文、限時動態和其他內容。	✓	✓
傳送和回覆訊息	✓	✓
檢視、回覆留言、移除不想看到的內容、檢舉粉絲專頁上的動態	✓	✓
為粉絲專頁建立、管理和刪除廣告	✓	✓
查看粉絲專頁、內容和廣告洞察報告的成效	✓	✓

關閉用戶在粉絲專頁的貼文

TIPS 37

粉絲專頁預設是允許用戶發佈貼文，甚至上傳相片與影片，當然也可以依需求關閉用戶的貼文功能。

step 01 於 **管理粉絲專頁** 功能表選按 **設定 \ 隱私 \ 粉絲專頁和標籤** 。

step 02 **粉絲專頁 \ 誰可以在你的粉絲專頁發佈貼文** 右側預設為 **所有人**，選按後核選 **只限本人**，再選按 **儲存** 鈕，這樣就可以限制其他人無法在粉絲專頁發佈貼文。。

facebook

TIPS 38 設定貼文為公開或限定分享對象

粉絲專頁發佈的貼文，預設皆為公開狀態，但仍可透過以下設定，
讓你於貼文時能設定分享對象的年齡與地區。

step 01 於 **管理粉絲專頁** 功能表選按 **設定 \ 隱私 \ 隱私，你的動態 \ 誰可以查看你往後的貼文** 右側選按 **編輯** 可設定分享對象。

step 02 於 **管理粉絲專頁** 功能表選按 **設定 \ 隱私 \ 公開的貼文，國家 /地區限制** 右側選按 **編輯** 鈕，即可設定對特定的國家或地區顯示或隱藏；於 **年齡限制** 右側選按 **編輯** 鈕，即可設定觀看用戶年齡，完成後選按 **儲存** 鈕，之後所有的貼文都會依此設定發佈貼文。

回覆及管理粉絲的留言

TIPS 39

粉絲留言有可能是訂貨問題、用餐心得，或是一些對店家建議的發言，可以選擇直接回覆或刪除留言。

於 **管理粉絲專頁** 功能表選按 **Meta Business Suite \ 收件匣 \ Facebook 留言**，可以看到粉絲的留言，選按 **回覆** 指定回覆該則留言。

如果有不適當的留言，可以於留言右側選按 ⋯ \ **刪除**。

開啟或關閉粉絲專頁的訊息功能

TIPS 40

粉絲專頁的訊息功能最常被企業用來當成線上客服，提供跟客戶直接對談的溝通管道。

step 01

於粉絲專頁首頁封面相片右下角選按 ⋯ \ **新增行動呼籲按鈕**，清單中核選 **發送訊息**，再選按 **繼續** 鈕、**儲存** 鈕，就會新增 **發送訊息** 鈕。

step 02

選按 ⋯ \ **編輯行動呼籲按鈕**，若選按 **刪除按鈕** 鈕，即可刪除 **發送訊息** 鈕。

facebook

 TIPS 41

回覆粉絲專頁的訊息

小編除了發文還是線上客服人員,在訊息管理頁面標示不同標籤,可以更有效率的回覆訊息。

回覆訊息

step 01 於 **管理粉絲專頁** 功能表選按 **Meta Business Suite \ 收件匣 \ Messenger**,再選按要回覆的訊息。

step 02 在右側畫面中會顯示粉絲留言的內容,於下方欄位輸入回覆的文字,再選按 **發送**,即可完成回覆。

管理訊息

適當的標示訊息,可以更有效率的回覆或檢視訊息。

選按 ⬙ **管理**,核選要管理的訊息,即可透過選按:✓ **移到「完成」**、🗑 **刪除對話**、🖾 **標示為已讀**、✉ **標示為未讀**、★ **標示為持續追蹤**、★ **取消標示為持續追蹤**、❗ **移至「垃圾訊息」**,達到訊息管理的目的。

訊息功能設定

TIPS 42

設定合適的訊息發送方式、收件匣問候語、自動回覆及顯示名稱，都可以提高與顧客的互動率。

於 **管理粉絲專頁** 功能表選按 **Meta Business Suite \ 收件匣**，再選按 ⚙ **\ 查看所有設定**，即可看到目前訊息設定的狀況：

■ **訊息 \ 使用 Return 鍵傳送訊息**：預設按下 Enter 鍵即會發送訊息，若關閉設定則需選按 **發送** 傳送訊息。

■ **建議 \ 建議回覆**：依之前回覆的內容顯示 **Direct 訊息**、**留言** 建議及類型。
　建議 \ 動態建議：依顧客在聊天室的問題顯示 **預約**、**訂單** 或 **付款設定** 建議。
　建議 \ 工具建議：依之前回覆的內容顯示 **預存回覆** 或 **常見問題**。

設定訊息預設的問題清單

TIPS 43

當粉絲透過訊息聯絡時，為了讓粉絲問的明確，小編回的精準，你可以設定幾個常見的問題清單，縮短溝通的時間。

設定問題並自動回覆

step 01　於 **管理粉絲專頁** 功能表選按 **Meta Business Suite \ 收件匣**，於畫面上方選按 ⊠ \ **+ 建立自動訊息** 鈕。

step 02　選按 **常用問題**，再選按 **建立自動訊息** 鈕。開啟 **常見問題** 自動回覆，於 **管道** 核選 **Messenger**。

step 03　於 **採取此動作** 選按 **新增其他問題** 鈕，再選按 **問題 #1**，於欄位輸入 **問題** 與要自動回覆的 **訊息**，再開啟 **新增到功能表**，最後選按 **儲存變更** 鈕。

用粉絲專頁資訊、附件檔案及按鈕自動回覆

自動回覆內容可以帶入已建立的粉絲專頁資料或檔案與按鈕，節省輸入的時間。

step 01 依相同方法，在建立 **問題 #2** 後，於欄位輸入 **問題**，再選按 ✦，清單中核選合適的項目，選按 **新增** 鈕。

step 02 除了文字與既有資訊以外，也可以選按 **新增影音內容** 鈕增加相片或影片 (檔案不能大於 25M)；或選按 **新增按鈕** 鈕加入相關網址連結按鈕，最後選按 **儲存變更** 鈕。

設定完成後，當粉絲首次選按 **發送訊息** 鈕，會看到問題項目，選按該問題後可以立即得到回覆。

設定離線自動回覆與即時回覆

TIPS **44**

當非營業時間或是小編不在線上時，可以設定自動回覆訊息，讓粉絲透過訊息聯絡時也能即時收到回應，讓客戶了解已收到需求。

訊息自動回覆設定中包括 **離線自動回覆訊息** 與 **即時回覆**，**離線自動回覆訊息** 可以設定多個回覆的時段，像是非營業時間、公休...等，其他時段就會以 **即時回覆** 的文字回覆，以下說明二者的出現時機：

離線自動回覆訊息

step 01

於 **管理粉絲專頁** 功能表選按 **Meta Business Suite \ 收件匣 \ ⊗ \ + 建立自動訊息** 鈕，選按 **離線自動回覆訊息**，再選按 **建立自動訊息** 鈕，並核選 **Messenger**。

step 02

於畫面中先選按要設定的日期，再設定離線開始與結束時間，若有不同時段，可選按 **+ 新增其他時間範圍** 鈕增加，接著於 **發送訊息** 輸入離線時段要回覆的文字，最後選按 **儲存變更** 鈕完成。

另一種設定離線時間的方式

若要將粉絲專頁的訊息狀態設定為
離開，可以在 **收件匣** 核選 **離線**，
這時粉絲專頁會呈現離開的狀態，
這段期間收到的訊息，都不會計入
粉絲專頁的回覆率或回覆時間內。

即時回覆並插入粉絲專頁訊息

step 01　於 **管理粉絲專頁** 功能表選按 **Meta Business Suite \ 收件匣 \ ⊠ \ + 建立自動訊息** 鈕，選按 **即時回覆**，再選按 **建立自動訊息** 鈕。

step 02　開啟 **即時回覆**，於 **管道** 核選 **Messenger**，再於 **發送訊息** 輸入要自動回覆的文字，選按 **儲存變更** 鈕完成設定。

TIPS 45 用訊息主動私訊粉絲

想要私訊粉絲，回答具隱私性的問題，需先收到粉絲主動留言或是訊息。

粉絲專頁無法用訊息主動聯絡未聯絡過的用戶，除非該用戶曾發送訊息給粉絲專頁，管理者才能在訊息畫面回覆訊息給該用戶；或用戶曾經在貼文中留言，管理員可使用粉絲專頁身分，在該 Facebook 留言下方選按 **Send Message** 回應 (切換回覆貼文身分請參考 P3-24)。發送訊息沒有群發功能，所以必須一一發送。

TIPS 46 關閉類似的粉絲專頁推薦

粉絲專頁被按讚時，會推薦其他同類型的粉絲專頁，關閉此設定就不會出現，但你的粉絲專頁也不會出現在其他粉絲專頁的推薦清單中。

於 **管理粉絲專頁** 功能表選按 **設定 \ 隱私**，**其他人如何尋找和聯絡你 \ 推薦類似粉絲專頁** 右側選按 **編輯**，取消核選該項目後選按 **關閉** 即關閉出現推薦清單的功能。

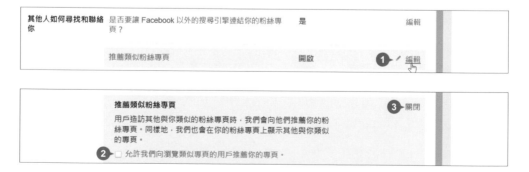

暫時關閉粉絲專頁

TIPS 47

若要調整粉絲專頁內容，需要暫時關閉粉絲專頁，可以依以下說明操作。

管理員可隨時取消發佈粉絲專頁，如果將粉絲專頁設定為未發佈，除了管理員以外，其他用戶將看不到該粉絲專頁；等到重新發佈後才會對外公開。

step 01　於 **管理粉絲專頁** 功能表選按 **設定 \ 隱私 \ Facebook 粉絲專頁資訊**，**停用與刪除** 右側選按 **查看**，核選 **停用粉絲專頁**，再選按 **繼續** 鈕。

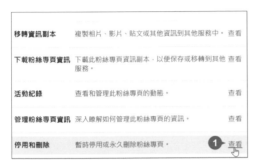

step 02　輸入密碼後，核選停用的理由 (依不同理由會出現不同的詢問對話方塊，再依指示完成回答。)，選按 **停用** 鈕，最後選按 **立即停用** 鈕，即可暫停顯示粉絲專頁。

如果想要恢復顯示粉絲專頁，選按畫面右上角個人縮圖 \ **設定和隱私 \ 設定**，於 **你的 Facebook 資訊 \ 重新啟用** 右側選按 **查看**，於要重新啟用的粉絲專頁右側選按 **重新啟用** 鈕。

刪除粉絲專頁

刪除粉絲專頁後 30 天內如果想要恢復，可以參考停用粉絲專頁後
重新啟用的方式 (P3-19)，取消刪除。

於 **管理粉絲專頁** 功能表選按 **設定 \ 隱私 \ Facebook 粉絲專頁資訊**，**停用與
刪除** 右側選按 **查看**，核選 **刪除粉絲專頁**，選按 **繼續** 鈕，接著可以選擇 **下載資
訊** 或 **移轉資訊副本** 備份粉絲專頁資料，選按 **繼續** 鈕，輸入密碼後再選按 **繼續**
鈕，最後確認無誤選按 **繼續** 鈕即完成。

限制留言出現特定字句或藝瀆詞語

預防留言中出現不雅文字，或是藉機廣告自己商品的留言，可以指
定禁用文字或不敬用語，及加強藝瀆詞的篩選強度。

於 **管理粉絲專頁** 功能表選按 **設定 \ 隱私 \ 公開的貼文**，再如下設定：

限制特定文字

選按 **從你的粉絲專頁隱藏含有特定字
詞的留言**，欄位中輸入要封鎖的字句
(以「,」逗號分隔)，完成後選按 **儲存**
鈕。

限制藝瀆詞

選按 **藝瀆詞語篩選器** ⬜ 呈 🔵狀，
開啟後選按 **儲存** 鈕。

TIPS 50 不登入 FB 也能看到你的粉絲專頁

有些人在網路搜尋找到你的粉絲專頁,選按連結後會被要求要登入 Facebook 才能看到內容,只要變更設定可以解決這樣的窘境。

預設的狀態下,即使不是 Facebook 用戶也能看到粉絲專頁的畫面與內容,但有時會被要求登入,登入後即被導向 Facebook 首頁,而看不到粉絲專頁,這代表該粉絲專頁設定了 **國家限制** 或 **年齡限制** 的特定條件,造成瀏覽限制。

若想要解除粉絲專頁的這些限制,可以依下述步驟檢查設定:

step 01 於 **管理粉絲專頁** 功能表選按 **設定 \ 隱私 \ 公開的貼文**,**國家 / 地區限制** 右側選按 **編輯** 鈕,確認欄位內不要輸入任何國家名稱。

step 02 **年齡限制** 右側選按 **編輯** 鈕,清單中確認選擇 **所有人**,即可解除全部的瀏覽限制。

管理相片及相簿

TIPS 51

在粉絲專頁貼文的相片或相簿，都會匯整到 **相片** 頁籤，可以在此新增、刪除管理相片。

新增相片或相簿

於粉絲專頁首頁選按 **相片** 頁籤，選按 **你的相片 \ 新增相片 \ 影片** 或 **相簿 \ 建立相簿** 可新增相片或相簿，並以貼文形式發佈，之後可選按 **你的相片** 或 **相簿** 檢視編輯。

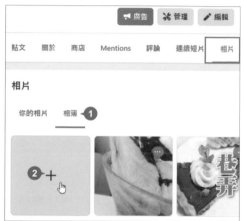

刪除相片或相簿

先確定你有編輯相片的權限，將滑鼠指標移至相片右上角，選按 🖉 \ **刪除相片**；或於相簿右上角選按 ⋯ \ **刪除相簿**。

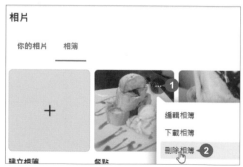

啟用相片和影片標註

讓用戶可以在自己上傳的相片、影片標註店家粉絲專頁，也是很好的宣傳方法，喜歡該貼文的朋友就可以快速找到並前往粉絲專頁。

於 **管理粉絲專頁** 功能表選按 **設定 \ 隱私 \ 粉絲專頁和標籤 \ 誰可以在你的粉絲專頁看到你被標註在內的貼文**，設定為 **所有人**。如果想先審查貼文是否適合顯示在你的紛絲專頁，可以開啟下方的二個審查項目。

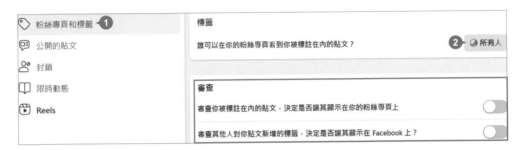

查看粉絲專頁向訪客呈現的模樣

當粉絲專頁設定許多功能，可以用一般訪客的角度確認大家會看到的樣子。

於粉絲專頁首頁選按封面相片右下角 ⋯ \ **檢視角度**，即可顯示為一般用戶的檢視畫面，若要回到 **管理粉絲專頁** 畫面，可選按 **退出檢視角度** 鈕。

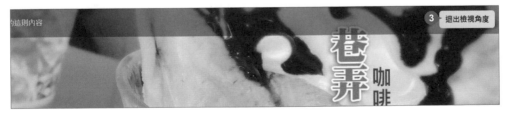

TIPS 54 在粉絲專頁上切換貼文身分

在自己或他人的貼文回覆時,可以選擇使用粉絲專頁的身分,或是個人專頁身分來回覆貼文。

在管理粉專切換身分回覆貼文

粉絲專頁首頁,除了可以用粉絲專頁身分回覆,選按回覆欄位左側的大頭貼圖示,清單中也可以選擇以個人身分回覆,或是切換回以粉絲專頁身分回覆。

step 01 於要回覆的貼文先選按 **回覆**,再選按左側的大頭貼縮圖。

step 02 於 **你的個人檔案和粉絲專頁** 核選要切換的帳號,待頁面切換後就可以使用該帳號留言了。

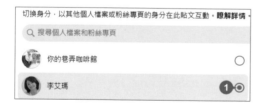 

在其他粉專切換身分回覆貼文

其他粉絲專頁的貼文中,除了可以用個人身分回覆,也可選按留言欄左側的大頭貼圖示,清單中選擇粉絲專頁身分,或是切換回以個人身分回覆。

下載粉絲專頁備份資料

TIPS 55

粉絲專頁中的所有資料，包括：貼文、活動、動態訊息...等所有的資料都可以下載，方便留存與轉移。

下載可選擇 HTML 與 JSON 二種檔案格式，如果選擇 HTML 格式，會收到一個 ZIP 檔案，裡頭包括所有圖像和影片檔案；如果選擇 JSON 格式，在需要將資訊上傳至其他服務時，可透過更簡便的方式傳輸資訊。

step 01 於 **管理粉絲專頁** 功能表選按 **設定 \ 隱私 \ Facebook 粉絲專頁資訊**，下載粉絲專頁資訊 右側選按 **查看**。

step 02 依需求設定 **格式、影像畫質** 及 **日期範圍**，下方核選要下載的資訊，最後選按 **要求下載** 鈕。

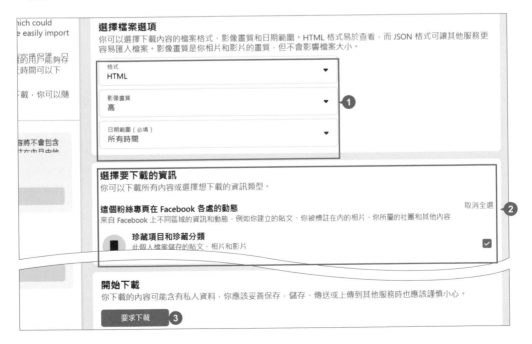

step 03 提出下載要求以後，畫面上方會顯示正在建立個人檔案的區塊，此時先選按 **切換個人檔案** 鈕。

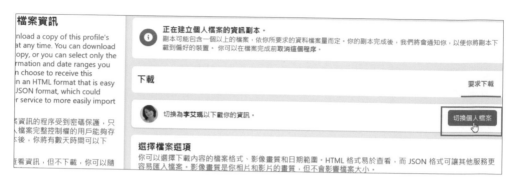

step 04 選按 **Switch** 鈕切換至個人帳號，待檔案建立完成，選按 **可供下載的檔案**，再選按 **下載** 鈕。

step 05 接著輸入帳號密碼，選按二次 **確認** 鈕，就會直接下載檔案。若為 ZIP 檔案，在解壓縮以後可以看到 HTML 與所有分類檔案的資料夾。

 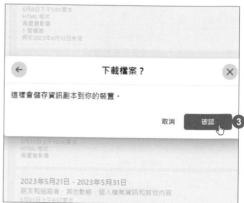

FB

IG

LINE

Part

04

數位行銷的獲利方程式 -
網路開店與數位廣告

Facebook 的粉絲專頁最大的功能之一就是用來建立專屬品
牌，匯集粉絲人氣，進而創造收益利潤。社群經營結合網路商
店，加上一點點預算，讓粉絲專頁得以快速曝光在每個人的動
態消息中，使獲利模式更有加乘的效果。

認識商店專區

TIPS 56

粉絲專頁 **商店** 專區是一個讓人無法忽視的重要拼圖，面對全新介面與管理方式，管理員可以於 **商務管理工具** 中上架與設定商品。

商店專區

Facebook 用戶只要選按 **商店** 頁籤即可進入瀏覽及購買商品，甚至聯絡店家。

商店 專區最適合想要觸及 Facebook 用戶的店家、零售與電子商務廣告主使用，最棒的是所有粉絲專頁的管理者都可以免費使用商店專區，Facebook 不會收取任何營收利潤。

選按 **查看所有商品** 鈕，進入 **商品** 專區：

■ 輪播展示商品資訊：商店專區最上方，消費者可以透過左右二側 〈 ，切換商品展示相片，或選按 **查看商品** 鈕進入商品詳細頁面。

■ 利用排序和篩選找出需要商品：可以依據推薦、價格高低或新舊排序商品，也可以篩選特價或有存貨的商品。

■ 讓顧客直接透過粉絲專頁聯絡：可以瀏覽粉絲專頁並發送訊息與管理者直接聯絡，以便瞭解更多資訊及購買商品。

商店專區的須知事項

■ Facebook 商店專區必須遵守 **Meta 廣告刊登準則**，包含禁止使用的內容、受限的內容、圖文的限制等。詳情請參考：「https://www.facebook.com/business/help/505720160452817」。

■ Facebook 商店專區販售商品必須遵守 **商業功能資格規定**。詳情請參考：「https://www.facebook.com/business/help/2347002662267537」。

認識商務管理工具

TIPS 57 除了可以在 **商務管理工具** 中上架並銷售、管理商品,另外也可以查詢商品被瀏覽的次數與訂單等相關數據。

於粉絲專頁 **管理粉絲專頁** 功能表選按 **Meta Business Suite \ 所有工具 \ 商務**,即可再次進入。

- 新增與查看商品:管理者可以新增、查看及管理目錄中所有商品,或透過搜尋與篩選找到特定商品。

- 策劃和自訂商品組合:管理者可依據商品特性,規劃商品組合。

- 取得洞察報告:管理者可以查看上架的商品瀏覽次數及訂單、詢問訊息接收量。

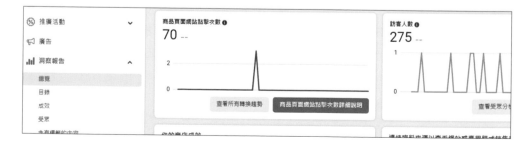

建立商店專區

TIPS 58

商店 頁籤首次使用，需先建立商店專區，完成後就可以在商店銷售你的商品。

step 01　於瀏覽器網址列輸入：「https://business.facebook.com/commerce_manager/get_started/」進入建立商店首頁，選按 **立即開始** 鈕。

step 02　核選 **建立商店**，再選按 **立即開始** 鈕。

step 03　於 **為顧客提供付款方式** 畫面核選 **在其他網站上結帳**，再選按 **繼續** 鈕。

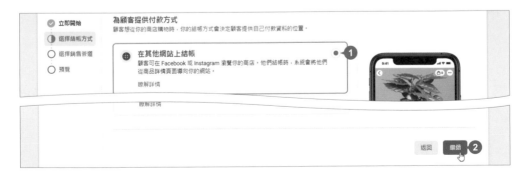

step 04 核選銷售商品的粉絲專頁，在此核選 **你的巷弄咖啡館** (粉絲專頁名稱)，再選按 **繼續** 鈕。

step 05 選按 **建立新的商業帳號**，輸入 **企業管理平台帳號名稱** 與 **商家電子郵件地址**，再選按 **建立** 鈕。

step 06 選擇 **你可出貨到哪裡？** 的國家 (可多選)，再選按 **繼續** 鈕。

step 07　核選 **將商店提交進行審查即表示你同意《賣家協議》**，再選按 **完成設定** 鈕。

step 08　在 **驗證商家或組織** 右側選按 **Start Verification** 開始驗證帳號。

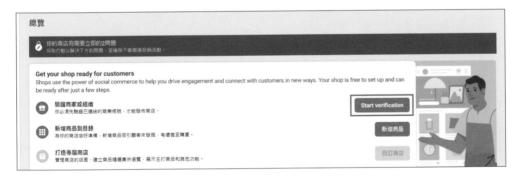

step 09　於 **選擇驗證選項** 核選合適的驗證選項，再選按 **繼續** 鈕，接著再依步驟完成並通過身分驗證，即可正式啟用商店。(依核選驗證的選項不同，可能必須提供如：營業登記、個人身份證...等相關文件資料。)

商店專區商品上架的注意事項

TIPS 59

Facebook 商店專區上架商品有不少規定與準則，以下將針對使用 "相片"、"說明" 和 "版本" 說明。

商品相片的注意事項

使用商品相片時，每件商品至少必須有一張相片，而每張相片皆需為商品本身，不能使用商品的圖形化表示 (例如插圖或圖示)。

建議使用內容	不建議出現的內容
JPEG 或 PNG 格式，檔案大小不超過 8 MB，使用背景為白色的圖片。 輪播廣告、精選集廣告和商店的商品圖像以正方形 (1:1) 格式，最佳解析度為 1024 x 1024 像素 (最小可為 500 X 500 像素)。 單一圖像廣告為 1.91:1 長寬比顯示，建議使用解析度 1200 x 628 像素。 主要圖像包含完整商品外觀，提供一系列以不同角度呈現的商品圖像，包括對紋理或細節的特寫，需與網站上相同商品的圖像相符。	文字 (例如行動呼籲、優惠代碼) 冒犯性內容 (例如露點照、露骨用語或暴力) 廣告或宣傳資料 浮水印 具時效性的資訊 (例如有限時間內降價)

商品標題、說明的注意事項

商品標題長度上限為 150 個字元，建議輸入應精簡扼要 (少於 65 個字元) 並具有實質意義，不要加入贅字或過多關鍵字，準確描述商品內容 (短於商品說明)，避免使用藝瀆及冒犯性用字。

商品說明文字僅能使用純文字 (不應包括 HTML 或連結)，長度介於 30 至 5,000 個字元之間，需提供商品專屬功能與相關資訊，內容搭配相關商品標題與圖像，說明應簡短易於閱讀，建議不要出現如電話號碼或是電子郵件。

在商店專區上架商品

TIPS 60

商店要販售商品，最基本要有商品相片、售價、說明...等這些資訊，才能吸引顧客上門購買。

step 01 於 **商務管理工具** 功能表選按 **總覽\新增商品到目錄** 右側 **新增商品** 鈕。

step 02 有三種方式可新增商品，這裡核選 **手動**，選按 **繼續** 鈕，於第一個商品選按 🔁 開啟對話方塊。

step 03 於 **新增圖像** 選按 **從你的裝置選擇檔案** 開啟對話方塊，你的電腦資料夾中選擇要新增的商品圖，選按 **開啟** 鈕，再選按 **儲存** 鈕。

step 04 　輸入商品 **標題**、**說明** 文字及 **網站連結** 網址，接著設定 **幣別**、**價格**，再設定商品的 **類別**、**狀況**、**存貨狀況**...等項目，選按 **上傳商品** 鈕就完成商品新增。

step 05 　新增商品至目錄後，於 **商務管理工具** 功能表選按 **目錄 \ 商品**，就可以看到新增的商品了。

小提示

單一或大量新增商品

想要新增多件商品項目時，可以於 **新增商品** 畫面選按 **+ 新商品** 右側清單鈕，清單中選按要新增的數量即可。

在商店專區設定特價商品

TIPS 61

商品打折優惠販售，是刺激買氣與人氣的一個好方法，搭配行銷推廣貼文，可拉攏原有粉絲並吸引潛在顧客。

step 01　於 **商務管理工具** 功能表選按 **目錄 \ 商品**，再選按要特價的商品 \ **編輯商品** 鈕。

step 02　進入編輯畫面，核選 **優惠價** 再輸入特價金額，選按 **更新商品** 鈕完成。

回到粉絲專頁首頁，管理員需以訪客的角度檢視，於 **商店** 頁籤即可看到剛剛設定的商品 **售價** 已顯示為特價的價格，並加上刪除線標示原價。

在商店專區設定優惠活動

優惠活動可套用至商店中的所有商品、特定商品或精選集;可以提供像是折扣、免運費、優惠代碼...等給買家。

step 01 於 **商務管理工具** 功能表選按 **推廣活動 \ 優惠**,再於畫面右上角選按 **建立優惠** 鈕。

step 02 先核選 **優惠類別**,接著輸入 **名稱**,下方會依不同的優惠類別,顯示相關設定。

step 03 以核選 **折扣金額** 優惠類別為例,設定 **類型** 與折扣金額,**適用商品** 選按 **選擇商品** 鈕,可以核選 **套用至全店、選擇特定商品、精選商品** 或是已建立好的商品組合;若不想將已設定優惠價的商品再折扣,可以核選 **不包括目錄中的特價商品**。

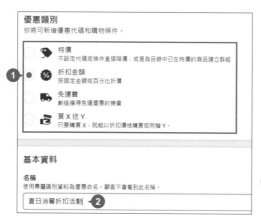

step 04 設定優惠 **持續時間** 的 **開始日期** 與 **結束日期**,選按 **提供優惠** 鈕,會顯示已排程的優惠活動視窗,選按右上角 ✕ 完成設定。

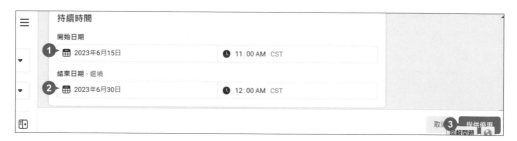

TIPS 63 在商店專區設定商品組合

管理者可以依商品特性，分類整理商品組合，顧客就可以視自己的喜好瀏覽並購買相關商品。

當目錄中的商品越來越多，種類越來越複雜時，如果沒有分類就放在同一個畫面中，顧客瀏覽時肯定覺得紛亂，逛起來也會降低購買的慾望，Facebook 商店專區內建的 **商品組合** 讓管理者能自訂不同的商品系列，達到有效管理的目的。

step 01 於 **商務管理工具** 功能表選按 **目錄 \ 商品組合**，再選按 **建立組合** 鈕 \ **手動選擇商品**。

step 02 輸入 **組合名稱**，於下方清單核選商品，再選按 **建立** 鈕完成。(如果品項較多，可以使用 **搜尋目錄** 欄位直接搜尋。)

在商店專區新增輪播廣告或精選集

TIPS 64

商店首頁可以透過輪播廣告或商品精選集的呈現,打造符合店家形象的購物體驗,讓顧客更輕鬆的探索商品。

認識商店打造工具

於 **商務管理工具** 功能表選按 **商店**,右側選按 **編輯商店** 鈕。

■ **版面** 標籤:右側為預覽畫面,利用上方控制項目可以切換 **Facebook** 或 **Instagram** 平台、**瀏覽模式** 或 **預覽**,下方則是各平台的預覽畫面。

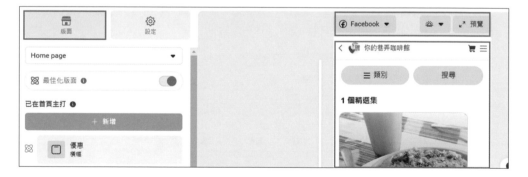

■ **設定** 標籤:管理與設定商店的 **能見度**、**庫存**、**含有標籤的內容**...等項目。

■ **最佳化版面**：於 **版面** 標籤 \ **最佳化版面** 右側選按 ⬭ 呈 ⬮ 狀，即可根據不同顧客購物動態和興趣自動變更商店版面，因此每位顧客看到的版面可能會不同，關閉此功能即可手動排序商店內容，所有顧客都會看到相同版面。(開啟此功能時預覽畫面左側會顯示 ⊠ 圖示)

■ **刪除或隱藏商店首頁的精選集、商品或優惠**：商店首頁可以依照時間、季節或行銷需求調整展示內容。將滑鼠指標移到 **版面** 標籤下方要調整的項目，選按右側 🗑 即可刪除，選按 👁 呈 ⊘ 狀即可隱藏。

■ **編輯精選集**：於 **版面** 標籤選按用於輪播或主打的精選集後，會顯示 **主打精選集** 區塊，你可以針對該項精選集設定樣式、發佈時間、圖像...等，也可以選按 **編輯精選集** 鈕進入商品精選集的詳細編輯畫面，裡面管理了所有精選集項目，可以根據需求指定欲編輯的精選集，進行細部設定。

■ **發佈更新與關閉商店打造工具**：於畫面右下角若選按 **發佈更新** 鈕，顧客可以看到更新內容；若選按 **退出打造工具** 鈕，系統會自動儲存，離開但不發佈更新。

新增商品組合到輪播廣告或主打精選集

輪播廣告或主打精選集,可以透過現有的商品組合,或以建立新的商品精選集方式,達到展示與主打商品的目的。

step 01 **新增精選集到輪播**:於 **版面** 標籤選按 **+ 新增精選集** 鈕,下方清單顯示現有的商品組合可供核選,或選按 **建立新的精選集** 鈕建立新的商品精選集 (操作與 "建立商品組合" 相似;需選擇至少 2 項商品),最後選按 **確認** 鈕。

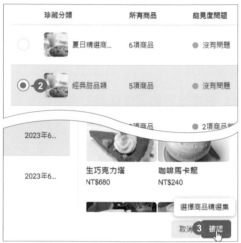

step 02 **新增主打精選集**:於 **版面** 標籤選按 **新增主打精選集**,下方清單顯示現有的商品組合可供核選,或選按 **建立新的精選集** 鈕建立新的商品精選集 (操作與 "建立商品組合" 相似;需選擇至少 4 項商品),最後選按 **確認** 鈕。

step 03 檢查無誤後選按 **發佈更新** 鈕，在 **發佈更新？** 對話方塊核選 **發佈符合我們政策的更新內容**，選按 **提交** 鈕，最後選按 **知道了** 鈕，待審查完成後即會在 **商店** 頁籤中顯示。

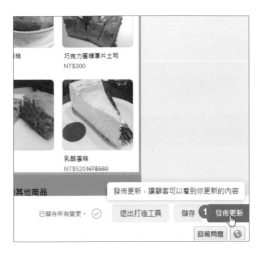

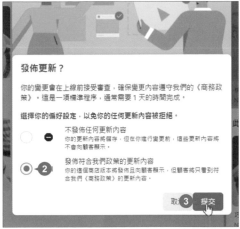

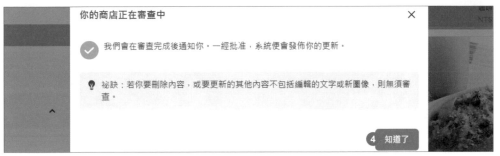

小提示

為商店新增商品精選集、商品或優惠

除了參考 P4-16 操作，於 **版面** 標籤快速新增精選集，也可以選按 **新增** 鈕，透過 **精選集、商品** 或 **優惠** 自訂商店首頁。

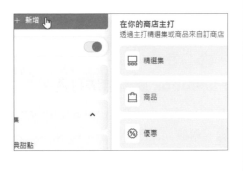

付費刊登 "加強推廣貼文" 廣告

TIPS 65

如果想讓粉絲專頁貼文快速曝光在顧客與粉絲的 Facebook 首頁，建議可以投入一點預算，直接購買廣告。

加強推廣貼文 廣告可以直接付費推廣粉絲專頁中的貼文，省時又省事。

step 01　於粉絲專頁首頁，對想要推廣的貼文選按 **加強推廣貼文** 或 **建立廣告** 鈕。

step 02　於畫面右側 **廣告預覽** 區塊，選按 **查看所有預覽** 鈕，可以預覽在不同平台或裝置上的顯示畫面，預覽完成於下方選按 **關閉** 鈕。

小提示

Facebook 廣告無法刊登？

若要刊登廣告，需遵守 Facebook 的廣告刊登守則，常見的問題有：個人特質、性暗示內容、廣告中的 Meta 品牌使用方式...等，更多詳細資料可以參考官網說明：https://transparency.fb.com/zh-tw/policies/ad-standards

step 03 設定 **目標**：選按 **變更** 鈕，指定希望透過這則貼文廣告可以帶來成果：**自動、吸引更多用戶傳送訊息、吸引更多用戶互動** 或 **獲得更多影片觀看數**...等，接著選按 **儲存** 鈕。(依據不同屬性的貼文內容，選項也有所不同，屆時再核選適合的項目即可)。

step 04 設定 **按鈕**：貼文上預設是 **發送訊息**，可以從下拉式清單中挑選想要使用的按鈕種類，然後再設定按下按鈕後的搭配動作。(依據不同屬性的貼文內容，可能是設定自動回覆訊息，也可能是設定網址。)

step 05 設定 **廣告受眾**：指要投放廣告的目標對象。預設是 **經由目標設定所選擇的對象**，也可以選按 ✏，調整與篩選 **性別、年齡、地點**...等項目，設定好選按 **儲存廣告受眾** 鈕。

若是有特定或經常使用的對象
群組，可以選按 **建立新受眾**
鈕儲存新的受眾設定，方便下
次切換使用。

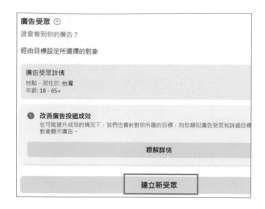

step 06 設定刊登的 **時間長度** 與 **總預算**：**總預算** 可以控制廣告費用支出，在畫面右側即可知道 **單日成果估計值** 的觸及帳號數及付款摘要。

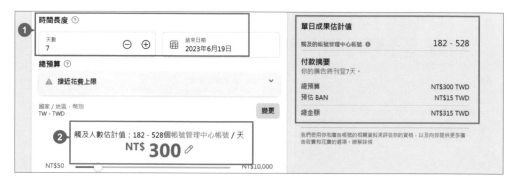

step 07 設定 **版位**：在 Facebook 刊登廣告的位置稱為 "版位"，於 **版位** 右側選按 ⌄ 展開選項，預設 Facebook 為核選狀態，還包含 Messenger 與 Instagram 社群平台。如果不希望在過多管道上發送廣告，可從下方選項中取消核選欲推廣的平台 (依據不同屬性的貼文內容，部分平台選項不一定會出現)。

最後設定 **付款方式**：展開選項後選按 **新增** 鈕，設定店家 **地點和幣別**，選按 **繼續** 鈕。

step 08

選擇是否輸入商家稅務資料，與核選欲付款方式，選按 **繼續** 鈕，依步驟完成信用卡資料設定與儲存後，接著會出現 **稅務資料** 畫面，在此可輸入公司統一編號，若不需要選按 **略過** 鈕。

step 09

於 **加強推廣貼文** 畫面下方選按 **立即加強推廣貼文** 鈕，跳出 **正在建立你的廣告** 視窗，選按 **前往廣告中心** 鈕，接著會進入 **廣告中心** 總覽畫面，待審查過關會通知為刊登中。

step 10

TIPS 66

付費刊登 "廣告" 貼文

如果想要在新增一則貼文時，直接付費刊登為廣告，讓貼文能被更多潛在顧客看見。

在此以 **推廣粉絲專頁** 的廣告活動為例，它的目的是為了讓更多人對你的粉絲專頁按讚，快速圈粉。

step 01　於畫面右上角選按 ▦ \ **廣告**，在 **選擇廣告類型** 畫面選按 **建立新廣告** 活動類別。

step 02　首先填寫 **廣告創意** 區：包含要顯示的圖像 (預設會以粉絲專頁的封面及關於說明文字為主)，你可以選擇延用，或是重新輸入新的內容及上傳新的相片，右側則會顯示整個廣告貼文的預覽畫面。

step 03 設定 **廣告受眾**：指定要投放廣告的目標對象。預設是 **經由目標設定所選擇的對象**，也可以選按 ✏️，針對 **性別**、**年齡**、**地點**...等項目微調與篩選。(詳細操作方式可參考 P4-19)

step 04 設定 **時間長度** 與 **單日預算**：首先分成 **持續刊登這則廣告**，或是 **選擇這則廣告的結束時間**，再決定天數或直接設定 **結束日期**)，而 **單日預算** 可以控制一天的廣告費用支出上限。

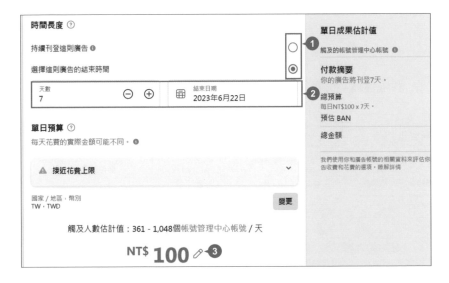

step 05 最後設定 **付款方式**：設定幣別及編輯店家的基本資料、付款方式，於畫面下方選按 **立即推廣** 鈕，完成後會進入 **查看成果** 總覽畫面。

TIPS 67 暫停或刪除廣告活動

如果想修改或是暫停刊登中的廣告，可以使用關閉廣告功能；如果是要終止刊登則可以直接刪除廣告。

step 01 於 **管理粉絲專頁** 功能表選按 **廣告中心**，右側畫面就可以看見所有正在刊登中的廣告，選按任一則廣告的 **查看成果** 鈕進入畫面。

step 02 於 **詳細資料 \ 狀態** 右側按一下 ⬤，選按 **確認** 鈕即可暫停廣告。

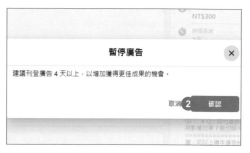

step 03 如果想刪除廣告，於畫面右上角選按 ⋯ \ **刪除廣告**，再選按 **確認** 鈕即可刪除該廣告。

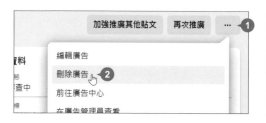

設定及重設廣告付款的金額上限

TIPS 68

如果擔心使用信用卡購買廣告，掉入無止盡的付款黑洞，除了設定該則廣告的總經費，還要學會如何設定全部廣告的付款上限。

step 01　於 **管理粉絲專頁** 功能表選按 **廣告中心**，右側 **工具** 項目中選按 **付款設定**。

step 02　於 **帳號花費上限** 項目選按 ⋯ **\ 設定上限** 鈕，欄位內輸入欲設定的金額後，選按 **儲存** 鈕完成設定。

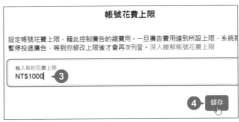

step 03　完成設定後，**花費金額** 會一直累積直到設定的上限為止，若要變更金額上限可選按 ⋯ **\ 變更** 鈕；選按 **移除** 鈕則可以取消花費上限的設定。

用廣告管理員刊登行銷活動

Facebook 的廣告管理員，對於行銷活動有較詳細且嚴格的規定，可協助小編們順利刊登廣告，觸及合適的對象。

設定行銷活動

step 01 於 **管理粉絲專頁** 功能表選按 **廣告中心**，右側 **工具** 項目中選按 ⋯ \ **前往廣告管理員**。

step 02 於 **行銷活動** 標籤選按 **建立** 鈕，核選欲行銷的目標，再選按 **繼續** 鈕。

step 03 於畫面輸入 **行銷活動名稱**，選按 **繼續** 鈕。

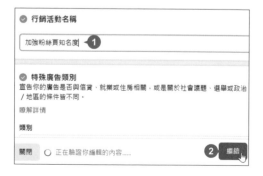

設定廣告組合

Facebook 會以設定的行銷活動目標安排廣告組合，例如廣告受眾、版位、預算...等。

step 01　首先設定 **建立新的廣告受眾** 來源 (初次使用要先設定好廣告受眾目標)，於 **地點、年齡** 或 **性別** 右側選按 **編輯** 即可編輯來源，完成後選按 **儲存此廣告受眾** 鈕。

step 02　輸入 **廣告受眾名稱** 後，選按 **儲存** 鈕。(之後如果需再建立新的行銷活動時，可於 **使用儲備廣告受眾** 中直接選取使用。)

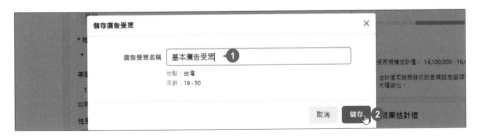

step 03 版位：設定廣告出現的位置，這裡核選 **高效速成版位(建議)** ，讓 Facebook 自動選擇最佳的版位進行投放。

step 04 預算和排程：設定廣告的預算及排程 **開始日期**，核選並設定 **結束時間** ，完成後按 **繼續** 鈕。

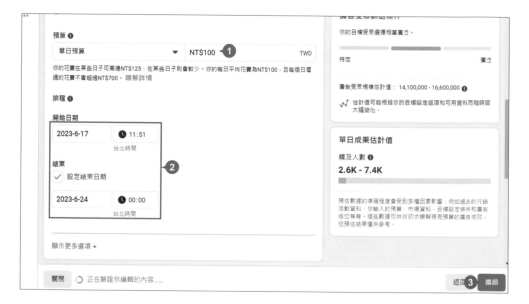

設定廣告內容

最後設定廣告內容。

step 01 首先輸入 **廣告名稱**。

step 02 確認 **身分** 資料，接著設定廣告要使用的 **格式、影音素材、主要文字**...等項目或 **新增目的地網址**，最後選按 **發佈** 鈕。

step 03 如此即完成整個 Facebook 廣告的設定，待廣告通過審核後，即會依設定進行廣告投放。

檢視洞察報告：按讚分析數據

如果想要了解粉絲專頁中按讚的來源及詳細數據，以進行經營方向的調整與經營策略修正，可以善用洞察報告。

step 01 於 **管理粉絲專頁** 功能表選按 **Meta Business Suite \ 洞察報告** 即可進入檢視。

step 02 選按 **成果**，可以在 **新的按讚數和追蹤者 / 粉絲人數** 檢視相關數據，將滑鼠指標移至分析圖上，可以顯示當日數據。

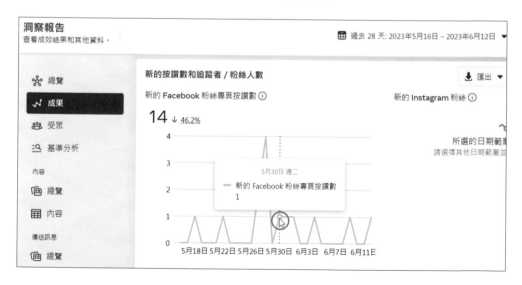

step 03 選按畫面右上角日期，若想變更時間範圍，可以先選按開始時間，再選按結束日期，或核選左側的時間範圍。

step 04 若想比較二個時期的數據，可核選 **比較**，再選擇要比較的時間範圍，最後選按 **更新** 鈕，即可看到不同顏色標示的比較數據。

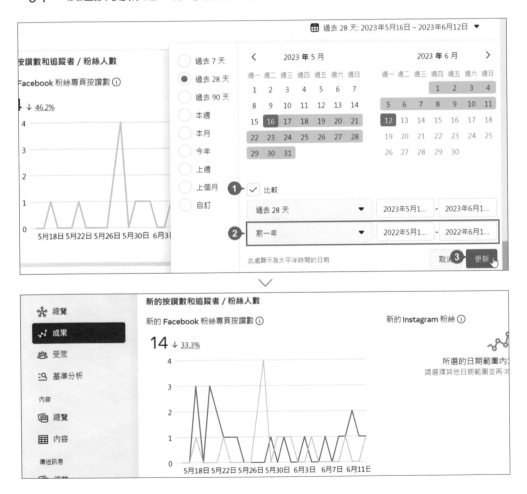

facebook

檢視洞察報告：觸及人數數據

TIPS 71

Faceboook 觸及人數的提升比按讚人數更重要，也是現在粉絲專頁的經營者十分注重的一件事。

觸及人數為何比按讚人數更重要？主要原因在於觸及人數能夠真實反應粉絲專頁的貼文內容是否會出現在其他人的動態時報上，真實觸及粉絲與粉絲的朋友。

Facebook 粉絲專頁的觸及人數，最基本的是粉絲人數，當粉絲對貼文、相片或是活動按讚或分享時，粉絲的朋友就能同時看到這篇內容，也就會擴增觸及人數。你可以藉由觸及人數的觀察，得知貼文觸及人數在不同時間的變化，自主點閱的狀況或是付費推廣是否有所幫助，甚至檢視按讚及貼文對於觸及人數的幫助...等資訊。

step 01 於 **管理粉絲專頁** 功能表選按 **Meta Business Suite \ 洞察報告** 即可進入檢視。

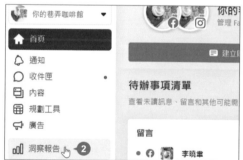

step 02 於左側選按 **總覽，觸及人數** 項目可以看到 Facebook 粉絲專頁、Instagram 被閱讀的狀況，以及透過付費廣告的觸及人數。

step 03 將畫面往下捲動，會出現 **受眾** 區域，將滑鼠指標移至分析圖上，可以顯示當日獲得新追蹤者的人數。

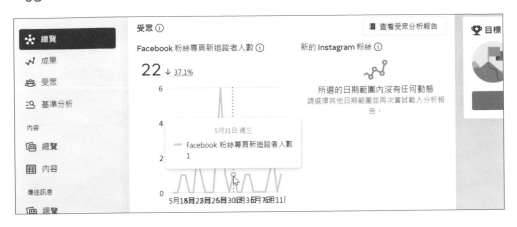

step 04 於畫面左側選按 **受眾**，可以看到目前追蹤者的人數，以及更多詳細的分析，包括：**年齡和性別**、**城市排名**、**國家 / 地區排名**。

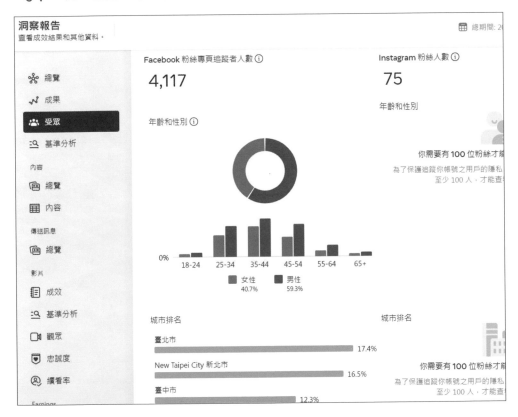

檢視洞察報告：貼文數據

TIPS 72

貼文數據可以看到每天的瀏覽人次，依區塊項目還會顯示其他項目的相關數據，讓你更了解粉絲專頁每天的狀態。

step 01 於 **管理粉絲專頁** 功能表選按 **Meta Business Suite \ 洞察報告** 即可進入檢視。

step 02 於畫面左側 **內容** 選按 **總覽 \ Facebook 貼文** 標籤，可以看到貼文觸及人數及其相關分析。

step 03 於左側選按 **內容**，可以看到每則貼文被閱讀的狀況，往右滑動會有更多資料：**按讚和心情數**、**貼圖點按次數**、**連結點擊次數**...等。

檢視洞察報告：影片數據

影片成效除了可以看到每天影片觀看分鐘數、影片觀看 1 分鐘以上的次數…等詳細數字，依區塊項目還會顯示其他相關數據。

step 01 於 **管理粉絲專頁** 功能表選按 **Meta Business Suite \ 洞察報告** 即可進入檢視。

step 02 於畫面左側 **影片** 選按 **成效**，於圖表上方可選按影片數據項目，下方就會顯示相關圖表，將滑鼠指標移至分析圖上，可以顯示當日數據。

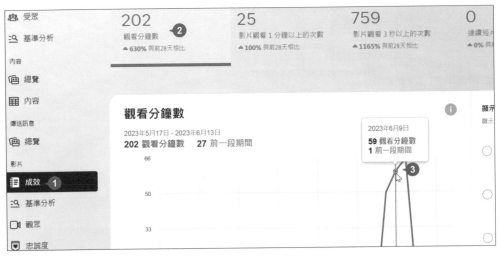

step 03 於圖表右側 **顯示依據** 下方核選欲顯示的成效項目，再將滑鼠指標移至分析圖上即可顯示當日數據。

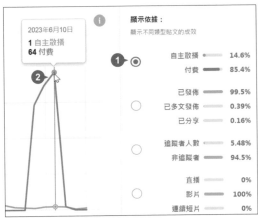

facebook

檢視洞察報告：與同性質商家比較

比較自己粉絲專頁與其他同類型商家的成效數據，有助於活動與未來行銷方式的調整。

step 01　於 **管理粉絲專頁** 功能表選按 **洞察報告** 即可進入檢視，於左側選按 **基準分析**。

step 02　選按 **商家比較** 標籤，再確認欲查看的社群平台，可以看見你與其他相同類別的粉絲專頁相關數據，若要修改類別可以選按 **編輯類別** 設定。

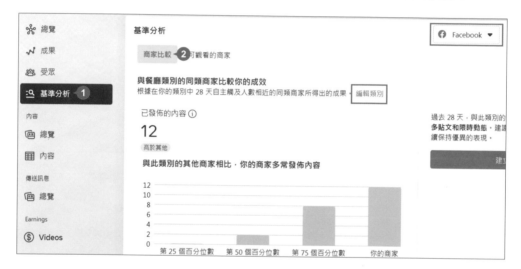

step 03　選按 **可觀看的商家** 標籤可再選按 **+ 新增企業管理平台** 鈕，搜尋新增你想比較的商家；如果不想被別的商家比較，可以於下方選按 **停用此功能**，但這樣你也無法觀看其他商家。

FB
IG
LINE

Part
05

同溫層行銷挖掘社群金礦 -
深耕社團運作

經營社群不是只有 "粉絲專頁"！
"社團" 的定位可以更沒有品牌的包袱，接觸分眾明確的目標族
群並提高隱私性。從規劃與定位開始，精準掌握社團的影響力
與行銷術，才能有效提升整體商機。

facebook

為什麼要為粉絲專頁建立社團？

Facebook 粉絲專頁和社團的差別在哪？該為產品或品牌成立粉絲專頁還是社團比較好？

Facebook 粉絲專頁和社團都是在經營社群，但是其本質與運作模式有許多不同，隨著社團功能愈來愈強大，透過粉絲專頁建立社團更能緊密結合粉絲，分眾管理、互動交流。

社團在經營上的特色

社團與粉絲專頁在運作上有以下不同的特色：

■ **社團隱私的設定**：社團有二種隱私設定可供選擇：**公開** 和 **私密**。

■ **限制加入的成員**：無論成員是申請加入或是由其他成員推薦，可以設定必須由管理員新增或批准。

■ **貼文共享的方式**：預設所有成員都能貼文，且所有成員都會收到通知。但管理員可以限制貼文或是設定貼文必須經由審核批准。

這些特色都是將社群的經營加上了 "限制" 條件，乍看之下或許會感到疑惑，但是因為這些限制，讓成員加入時不單只是按個讚完成申請，貼文時還必須言之有物，而且所有動作可能需要經過審核...等，如此一來，大家才會更加珍惜。社群能匯集志同道合的粉絲，提供特定的服務，透過分享交流引起共鳴。

由粉絲專頁建立社團

社團能連結到你的粉絲專頁，其優點有：

■ 由粉絲專頁建立社團後，藉由連結就能直接進入，方便用戶尋找。

■ 社團為粉絲專頁提供顧客深度與品牌交流的一處私人空間，讓更多顧客可以相互交流，深化彼此關係，創造歸屬感。

■ 管理者可以用粉絲專頁的身分在連結的社團中互動。

關於社團的隱私權

TIPS 76

社團有二種隱私權可供選擇：**公開**、**私密**，下方表格整理了二種隱私權下可加入社團的對象，以及內容觀看權限。

■ 若將社團隱私權設為 **公開**，任何人都可以加入，也能看到社團中所有的資料、成員、貼文與動態，同時任何人都能在 Facebook 的搜尋功能和其他地方找到該社團。

■ 若隱私權設為 **私密**，必須要由已加入的成員新增或邀請才能加入，只有社團成員可以查看社團成員、貼文與所有動態，同時只有社團成員能在 Facebook 的搜尋功能和其他地方找到該社團。

	公開	私密
誰可以加入？	任何人皆可以加入，或由成員新增或邀請加入。	必須經由成員新增或邀請。
誰可以看見社團名稱？	任何人	目前的成員
誰可以看見社團成員？	任何人	目前的成員
誰可以看見社團介紹？	任何人	目前的成員
誰可以看見社團標籤？	任何人	目前的成員
誰可以看見社團地點？	任何人	目前的成員
誰可以看見社團貼文？	任何人	目前的成員
誰可以在搜尋中看到社團？	任何人	目前的成員
誰可以在動態消息和搜尋中看到社團動態？	任何人	目前的成員

facebook

由粉絲專頁建立社團

前面說明了 "由粉絲專頁建立社團" 的優點,接著就進入粉絲專頁示範建立社團的方法。

只要擁有 Facebook 的粉絲專頁,即可用這個身分建立社團,其步驟如下:

step 01 於粉絲專頁首頁右上角選按 ▦ \ **建立** \ **社團**,新增一個全新的社團。

step 02 在左側 **社團名稱** 欄位輸入名稱 (最好是讓人容易搜尋或與產品相關的名稱),並依社團性質設定隱私權,選按 **建立** 鈕。

step
03

為了讓社團形象看來更專業，選按封面相片處的 **編輯 \ 上傳相片** 鈕，套用合適相片作為封面，可拖曳調整位置，最後選按 **儲存變更** 鈕。

封面相片下方討論區會看到 **你的巷弄咖啡館** 粉絲專頁大頭貼，該粉絲專頁即為社團預設的管理員。

─ 小提示 ─

沒有粉絲專頁該如何建立社團？

若沒有粉絲專頁，想直接建立社團，可於 Facebook 首頁選按使用者大頭貼左側 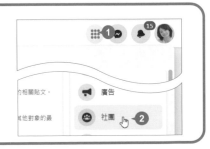 \ **建立 \ 社團**，一樣指定社團名稱、隱私權、封面相片...等，再選按 **建立** 鈕。

加入社團簡介與地點資訊

TIPS 78

希望社團更具吸引力及說服力，建議可以加入右側版面中的 **關於** 與 **地點** 資料。

step 01　於 **管理** 標籤 \ **設定** 選按 **社團設定** (若隱藏需選按 ☑ 展開)，接著選按 **名稱和簡介** 右側 🖉 為社團新增說明，再選按 **儲存** 鈕。

step 02　以相同方式為社團建立 **地點** 資訊後，於 **管理** 標籤選按 **社群首頁**，於右側下方會出現 **關於** 與 **地點** 資訊。

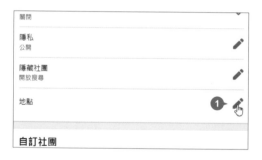

邀請朋友加入社團

TIPS 79

加入社團的朋友稱為 "成員"，想要於社團中邀請朋友加入可透過二種方式：一種以電子郵件邀請，另外一種是邀請 Facebook 朋友。

以電子郵件邀請

step 01　於社群首頁左側選按 **邀請** 鈕 \ **以電子郵件邀請**，輸入朋友的電子郵件，選按 **新增** 和 **傳送** 鈕。

step 02　朋友即會收到粉絲專頁邀請加入這個社團的通知信件。(被邀請的朋友選按通知信件中的 **加入社團** 鈕會開啟社團畫面，再選按 **接受** 鈕。)

邀請 Facebook 朋友

step 01 於社群首頁選按左側 **邀請** 鈕 \ **邀請 Facebook 朋友**，會看到曾經在粉絲專頁按讚的朋友清單，核選要邀請的朋友，選按 **傳送邀請** 鈕。

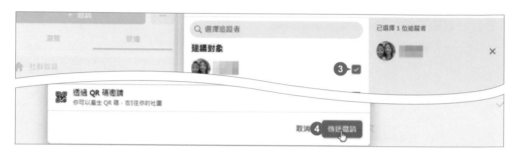

step 02 被邀請的朋友會在 Facebook 右上角大頭貼左側 **通知** 收到相關邀請訊息，選按 **加入** 鈕即接受邀請。

看看目前的成員名單

於社群首頁選按 **用戶** 頁籤 (若私密社團為 **成員**)，在 **所有狀態** 下可瀏覽所有可加入你的社團或過去曾加入的用戶資訊。

小提示

新增社團成員要事先詢問

在社團中要加入成員十分簡單，但在加入之前還是建議你先詢問當事人意願再進行設定，否則在沒有知會的狀態下冒然加入，會給人不尊重的感覺，有時候反而會帶來反效果。

TIPS 80 將成員指派為社團管理員或版主

社團中除了一般成員，還有 "管理員" 及 "版主" 二種身分，下表列出這二種身分的權限，待成員接受指派，即可協助社團處理大小事。

	社團管理員	社團版主
指派任何成員為管理員或版主	✓	X
移除管理員或版主	✓	X
管理社團設定 (例如：變更社團名稱、封面相片或隱私權)	✓	X
批准或拒絕加入社團要求	✓	✓
批准或拒絕社團裡的貼文	✓	✓
移除貼文及貼文留言	✓	✓
從社團裡移除和封鎖用戶	✓	✓
將貼文置頂或取消置頂	✓	✓

請特別注意，只有現任的社團管理員才可指派他人為 "管理員" 或 "版主"，設定方式如下：

step 01 於社群首頁右上角大頭貼，先確認目前為粉絲專頁身分，再選按 **用戶** 頁籤 \ **所有狀態**。

step 02 選按想指派為管理員或版主的成員右側 ⋯ \ **邀請擔任管理員** 或 **邀請成為版主**，最後選按 **傳送邀請** 鈕。(可以看到粉絲專頁的身分為 **管理員**)

┌─ 小提示 ───

被指派為管理員或版主的成員,該如何接受指派?

被指派為管理員或版主的成員,會收到 Facebook **通知** 訊息,選按該訊息會
進入社團,再選按 **接受** 鈕。

└──

TIPS 81 讓粉絲專頁無法加入社團

若社團隱私權設為 **公開**,任何人都可以自由加入,但可以設定為讓
一般 Facebook 用戶可以加入而粉絲專頁不能加入。

step 01　以社團管理員身分,於 **管理** 標籤 \ **設定** 選按 **社團設定**。於 **參與情況** 選
按 **誰可以加入此社團** 右側 ✏,核選 **僅限個人檔案**,再選按 **儲存** 鈕。

step 02　選按 **社群首頁** 返回,如此一來粉絲專頁身分無法再要求加入社團,但已
經是成員的粉絲專頁還是能留在社團中。

需審核才能加入社團與貼文、留言

TIPS 82

面對透過搜尋自行加入社團的 Facebook 用戶，可以決定是否需要管理員或版主批准才能加入、發佈貼文與留言。

step 01　以社團管理員身分，於 **管理** 標籤 \ **設定** 選按 **社團設定**。於 **參與情況** 選按 **參與者審核** 右側 ✐，核選 **開啟**，再選按 **儲存** 鈕。

step 02　選按 **社群首頁** 返回，如此一來要加入的成員和訪客都必須獲得管理員和版主的批准，才能加入與發佈貼文、留言。

批准社團的加入申請

TIPS 83

當開啟社團的 **參與者審核**，朋友自行加入或由成員邀請加入的申請，需由管理員或版主批准才能加入。

step 01　以社團管理員身分，於 **管理** 標籤 \ **管理員工具** 選按 **互動申請**。

step 02　可以看到申請加入者的資料，選按 **批准** 鈕批准加入社團。(如果有多筆申請加入者想要一次批准，可以選按上方的 **全部批准** 鈕。)

入社必答問題

成員選按 **加入社團** 鈕申請加入社團時，可以詢問最多三個問題，答案只有管理員和版主會看到。

step 01　以社團管理員身分，於 **管理** 標籤 \ **管理員工具** 選按 **互動必答問題**。選按 **撰寫問題** 鈕，輸入問題與選擇題型後，再選按 **儲存** 鈕。

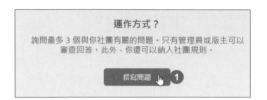

step 02　完成第一題的建立後，再於右上角選按 **建立**，可再建立第二、三題，如此一來成員選按 **加入社團** 鈕，申請加入時必須先回答這些問題。

制定社團規則

規則是讓成員了解社團的調性與方向，避免成員之間起衝突，目前最多能制訂十條社團規則。

step 01　以社團管理員身分，於 **管理** 標籤 \ **管理員工具** 選按 **社團規則**。選按 **開始建立** 鈕，可以選按 **規則範例** 任一項目套用或自行撰寫，再選按 **建立** 鈕。

step 02　完成第一項規則建立後，於右上角選按 **建立**，可再建立其他規則。制定的規則可以於社群首頁，右側 **關於** 資訊中看到。

社團的貼文方式

於社團 **討論** 頁籤可建立貼文,貼文方式與粉絲專頁相似,能加上一些選項增加貼文特色。

step 01 於社群首頁選按 **討論** 頁籤,再選按 **留個言吧**。

step 02 貼文中可以使用的項目,除了常見的 🖐、🖼、🎞 (需透過行動裝置建立)、👥,選按 ⋯ 可開啟清單選擇更多貼文需要加入的項目。

開啟或關閉不具名貼文

若開啟 **不具名貼文** 設定,在社團出現時不會顯示作者姓名和大頭貼,而且必須先由管理員或版主批准,才能發佈在社團中。

step 01 以社團管理員身分,於 **管理** 標籤 \ **設定** 選按 **社團設定**。於 **管理討論區** 選按 **不具名發文** 右側 ✏,預設核選 **開啟**。(若核選 **關閉**,需再選按 **儲存** 鈕。)

step 02 如此一來,當成員欲建立不具名貼文時,可於上方 **發佈不具名貼文** 右側選按 ⚪ 呈 🔵 狀 (第一次需選按 **我要發佈不具名貼文** 鈕)。

在社團建立票選活動

TIPS 88

社團的 **討論** 頁籤中,除了貼文討論、分享照片影片,還能建立票選活動。

step 01　以社團管理員身分,於社群首頁 **討論** 頁籤選按 **留個言吧**,選按 ⋯ \ **票選活動**。

step 02　輸入票選活動的說明文字,接著將選項依序輸入。

step 03　選按 ⚙,可依需求核選或取消核選 **允許用戶選擇多個答案** 及 **允許所有人新增選項**,最後選按 **發佈** 鈕完成投票活動的新增。

完成社團投票活動的建立後,回到討論區可看到這則投票活動的貼文。

只要是社團成員,都可以直接核選票,選按 ▶ 會看到該選項投票的成員大頭貼。核選 **允許用戶選擇多個選項** 可一次核取多個選項;核選 **允許所有人新增選項** 可在下方新增投票選項。

TIPS 89 新增社團的商品買賣功能

Facebook 會依不同的社團類型調整擁有的功能,如果想要在社團中買賣商品,需新增 **商品拍賣** 功能。

step 01　以社團管理員身分,於 **管理** 標籤 \ **設定** 選按 **新增功能**。於 **功能組合 \ 商品拍賣** 選按 **+ 新增組合** 鈕。(可選按左右二側 **>** 瀏覽更多功能組合)

step 02　回到社群首頁,就可以看到 **商品買賣** 頁籤已新增到你的 Facebook 社團。

小提示

"商品買賣" 與 "一般" 類型的差異

商品買賣社團就像一般社團,但成員可使用以下附加功能:

- 貼文類型即是商品拍賣:於社群首頁 **商品買賣** 頁籤貼文區塊即可新增商品拍賣的資料。
- 列出拍賣商品:於社群首頁 **你的商品** 頁籤 (會在建立拍賣商品後出現) 即會將最新未販售出去的拍賣商品放置在 **尚有存貨** 區塊中展示,有興趣的成員可以選按商品進入詳細頁面,讓成員方便瀏覽。

TIPS 90

在社團拍賣商品

在社團啟用的 **商品買賣** 頁籤中，成員可以直接張貼商品的拍賣資訊，並藉由留言或訊息方式交易。(目前管理員無法使用此功能)

step 01　於社群首頁 **商品買賣** 頁籤貼文區塊，選按 **商品拍賣**，商品類型選擇 **拍賣商品**。

step 02　依序上傳商品的相片、輸入名稱、價格、狀況、說明…等，選按 **繼續** 鈕。

step 03　最後選按 **發佈** 鈕完成商品拍賣的貼文。

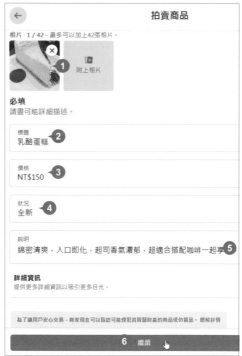

完成社團拍賣商品的建立後，會出現 **此商品正在審查中** 通知，待商品經 Facebook 批准，回到 **商品買賣** 頁籤會看到這則商品拍賣的貼文，社團成員可以藉由留言或訊息方式進行交易。

TIPS 91 將賣出的商品標示為 "已售出"

商品買賣社團中，已找到買家銷售的商品可以標示為 "已售出"，避免顧客一再下訂已售出的產品。

於社群首頁 **你的商品** 頁籤，於要標註為 "已售出" 的商品右側，選按 **標示為已售出** 鈕，該商品會出現在 **已售出** 中。(網頁重整後才可看到更新畫面)

若要重新刊登商品，可於社群首頁 **你的商品** 頁籤，在 **已售出** 中選按售出商品旁的 **標示為尚有存貨** 鈕。(網頁重整後才可看到更新畫面)

暫停、恢復或刪除社團

身為社團管理員，如果暫時無法管理社團，可以暫停社團；若想從 Facebook 永久移除社團，可以刪除社團。

暫停社團

Facebook 社團的管理員，如果想休息一陣子，或利用時間整理社團事務，管理貼文、成員資格...等，可以暫停社團。

step 01 於社群首頁，頁籤最右側選按 ⋯ \ **暫停社團**，選擇為什麼想要暫停社團的理由後，選按 **繼續** 鈕。

step 02 暫停社團前，Facebook 會提供相關網頁資源，讓社團管理員透過瀏覽得到一些幫助，選按 **繼續** 鈕，輸入公告文字後，選按 **暫停社團** 鈕。

系統會新增一則 "此社團已暫停" 訊息到社團頂端，**討論區** 頁籤則會看到先前輸入的暫停公告，所有成員 (包括管理員) 的新貼文、留言和心情皆暫停。

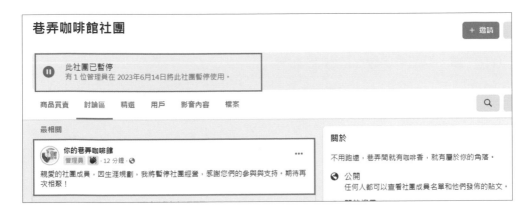

恢復社團

直接恢復：以社團管理員身分，於社群首頁選按 **恢復** 鈕和 **確認** 鈕，即可立刻恢復社團動態，所有管理員、版主和成員都能建立貼文、留言和分享心情。

設定恢復日期與時間：以社團管理員身分，於社群首頁選按 **編輯** 鈕，**恢復日期和時間** 右側選按 ◯ 呈 ◯ 狀，排定社團恢復的日期與時間，最後選按 **確認** 鈕。

刪除社團

如果希望刪除目前已建立的社團，社群管理員 (原本建立者) 必須先移除所有成員，之後自己再退出。刪除社團時，社團內的成員不會收到任何通知。

step 01 於社群首頁選按 **用戶** 頁籤。於每位成員姓名右側選按 ⋯ \ **從社團封鎖**，確認選項後選按 **確認** 鈕。

step 02 移除其他成員後，於管理員姓名右側選按 ⋯ \ **退出社團**，再次確認是否退出後選按 **刪除社團** (注意：刪除社團即無法恢復，因此請確認後再執行)，如此一來 Facebook 即會刪除該社團。

FB

IG

LINE

初探 Instagram -
設定個人與商業帳號

Instagram 簡稱 IG，是時下年輕人最愛用的社群平台。調查顯
示，目前很多店家會使用 Instagram 行銷，無論是電商、企業
品牌、部落客、甚至是政府機關，都想透過 Instagram 來接觸
這個平台的客群。

TIPS 93 Instagram 打造品牌成為人氣王

Instagram 是一款以分享相片與影片為主的社群平台,讓個人和企業能藉此拓展自己的品牌事業。

Instagram 是什麼?

"即時 (instant)" 加 "電報 (telegram)",就是 Instagram 名稱的由來,現在人們用相片分享故事就像以前用電報傳達訊息一樣。

時下年輕人想看的是簡短的文字加上吸引人的視覺化圖像,相較於 Facebook 擁有較多的隱私設定,加上一開始推出的限時動態功能,吸引了大量的年輕用戶。除了上述的重點,它還有一個其他社群平台沒有的特色,就是你可以在 Instagram 上傳相片同時並分享至 Facebook、twitter,只要一次貼文動作就能同時在三個社群平台曝光,提高你的貼文能見度。

Instagram 的魅力

"人類是視覺動物,會被外表所吸引",Instagram 就是抓住這一特點,以相片與影片為主,只要拍出一張好看的相片或影片,即可吸引更多人來追蹤你的帳號。Instagram 是一款結合拍照與修圖、社群服務的軟體,它所提供的相片編輯與濾鏡效果,讓使用者可以藉由內建的功能拍照、修圖美化相片。

從 2010 年 10 月上架後，現在已成長至全球月活躍用戶超過 10 億的社群平台，以圖片、長短影片、直播...等互動方式，吸引廣大年輕族群，34 歲以下人口佔了總用戶數量的七成，在年輕族群的成長依舊強勁。

Instagram 在商業市場的應用

根據 Instagram 官方統計，九成用戶會追蹤商業帳號，定期觀看企業品牌的相片、或為文章按讚，再選按貼文中的連結瀏覽品牌網站，可見 Instagram 強大的宣傳與引導購買力，也凸顯 Instagram 商業帳號的必要性。

不管是個人或是店家、企業品牌，都要先確認自己的定位為何？有明確的定位或形象時，才能吸引目標族群，這時就可以更專心朝著目標發展下去，最後透過數據分析了解粉絲面向，依不同屬性做出合適的行銷方式，提高自我競爭的優勢，精準地找到更多的目標客戶。

小提示

Instagram 網頁版本

Instagram 網頁版可供瀏覽、點讚、留言...等，但它所提供的功能支援較少，除了暫停、刪除帳號需使用網頁操作外，此章及後續 Part 07 ~ Part 09 章節分享的功能將使用行動裝置畫面介紹與說明。

申請 Instagram 帳號

TIPS **94**

跟一般社群平台一樣,要先建立一組專屬於你的 Instagram 帳號,才能開始使用 Instagram。

下載 Instagram App,安裝完成後,點選 開啟,可選擇建立新帳號或以現有帳號登入,如果尚未申請 Instagram 帳號,可以點選 **建立新帳號** 鈕選擇手機或電子郵件註冊。

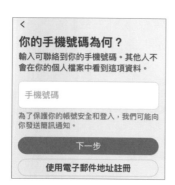

依序建立姓名、密碼、生日、用戶名稱,並 **略過** 新增大頭貼照、尋找 Facebook 朋友或聯絡人...等步驟,記住登入資料後,完成登入 Instagram 並進入主畫面。

關於 Instagram 商業工具

TIPS 95

Instagram 準備了多樣化的銷售推廣商業工具，為商業用戶創造曝光機會，同時享有洞察報告及廣告解決方案。

如果打算在 Instagram 進行商業性商品行銷、付費廣告推廣，強烈建議將帳號切換為 **商業帳號** 類型。Instagram **商業帳號** 是免費且公開的帳號，之後若覺得不合適也可以再切換為 **個人帳號** 類型。

■ **連結 Facebook 粉絲專頁**：商業帳號能連結現有的 Facebook 粉絲專頁，讓你的品牌、商品有更多曝光與宣傳的機會。

■ **洞察報告**：商業帳號可取得洞察報告大數據，檢視你與粉絲互動次數、被瀏覽次數、觸及人數...等資訊，再藉此評估行銷方向，以付費廣告推廣行銷，提升業績成長。

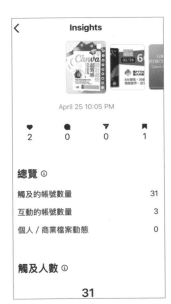

■ **店家資訊**：商業帳號還可以為店家和客群建立聯繫，在畫面中顯示公司地址與聯絡資訊，例如：電話號碼、電子郵件，當用戶點選這些按鈕或連結就可撥打電話、撰寫並寄送電子郵件，以及規劃前往店家的路線。

TIPS 96　商業帳號與個人帳號的差異

商業帳號與個人帳號的最大差異，除了擁有個人帳號的全面功能，還能獲得數據分析和洞察報告，對於品牌經營而言，提供絕大的便利性。

了解商業帳號與個人帳號的差異，選擇合適的經營模式：

差異性	商業帳號	個人帳號
帳號隱私	無法設為不公開帳號	可設為公開、不公開帳號
連結 Facebook	只能連結到粉絲專頁	可連結到個人檔案頁、粉絲專頁
類別標註	有	無
聯絡資訊	有 (電子郵件、電話、地址)	無
商業洞察報告	有 (與粉絲互動次數、被瀏覽次數、觸及人數、曝光次數、熱門貼文、粉絲屬性...等數據。)	無
對已建立的貼文查看洞察報告	有 (留言、按讚、瀏覽次數、觸及人數...等數據。)	無
推廣活動(廣告)	有 (付費式廣告，也可查看該則廣告的洞察報告。)	無
訊息聊天室	除了基本功能，可標示指定聊天室以及自動回覆訊息。	只能接收與回覆訊息

切換為商業帳號

TIPS **97**

將 Instagram 個人帳號切換為商業帳號，可以使用商務功能，為店家擴大觸及範圍、了解顧客喜好以及衝高銷售業績。

step 01

於 👤 畫面點選 ☰ \ ⚙ **設定和隱私**，再點選 📊 **帳號類型和工具** \ **切換為專業帳號**，接著點選 **繼續** 看完相關說明。

step 02　於類別清單先點選合適項目，再確定是 **商家** 或 **創作者**，然後設定要 **公開顯示的商家資訊**，點選 **下一步** 鈕。

step 03　透過帳號管理中心指定連結一個既有的 Facebook 粉絲專頁，之後上傳的貼文與限時動態會與這個粉絲專頁同步，最後點選 **完成** 鈕。(若沒有粉絲專頁，可以點選下方 **建立新的 Facebook 粉絲專頁**，Instagram 會以你目前的用戶名稱產生一個粉絲專頁)

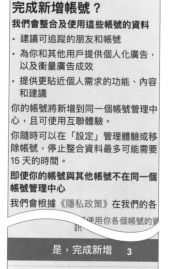

變更商業帳號大頭貼與聯絡資訊

TIPS 98

Instagram 商業帳號畫面可提供的資訊有：大頭貼、簡介、類別與連絡資訊...等，讓有興趣的客群更容易找到你。

step 01　於 👤 畫面點選 **編輯個人檔案** 鈕，重新輸入 **姓名**、**用戶名稱**、**個人簡介**...等資訊 (建議與 Facebook 粉絲專頁的 **名稱** 與 **用戶名稱** 相同)，再點選 **編輯相片或虛擬替身**。

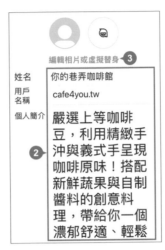

姓名 設定中英文皆可，且可與其他人重複。**用戶名稱** 設定只能使用英文字母、數字底線和句點，且不能與其他用戶重複。

step 02　如果想要變更店家類別，可點選 **類別**；如果想新增或變更電子郵件、電話號碼、地址資訊，可點選 **聯絡資料選項**；完成所有文字輸入與設定後，於畫面右上角點選 **完成** (或 ☑)。

變更連結至商業帳號的 FB 粉絲專頁

TIPS 99

當成為商業帳號，會與一個你既有的 Facebook 粉絲專頁連結，若想變更連結的粉絲專頁可如下操作。

step 01　於帳號畫面點選 **編輯個人檔案** 鈕，再點選 **粉絲專頁 \ 變更或建立粉絲專頁**。

step 02　畫面中可以看到目前你所管理的粉絲專頁，點選要變更指定連結的 Facebook 粉絲專頁，或點選最下方 **建立新的 Facebook 粉絲專頁**，再點選二次 **完成** (或 ☑) 回到個人檔案畫面。

切換商業帳號或是個人帳號

TIPS 100

商業帳號可以隨時切換回個人帳號,但要注意!切換回個人帳號後,洞察報告的資料會遭到刪除,也無法進行廣告刊登。

於帳號畫面點選 ☰ \ ⚙ **設定和隱私** \ ⊞ **商業工具和控制項** \ **切換帳號類型** \ **切換為個人帳號**。

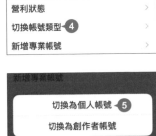

同時管理多個帳號

TIPS 101

如果你有私人帳號、公開帳號、商業帳號...等多種角色,可以同時登入,再透過切換功能管理。

於帳號畫面點選 ☰ \ ⚙ **設定和隱私** \ **新增帳號** \ **登入現有的帳號**,輸入帳號與密碼後點選 **登入**,就可登入該帳號。

如果要切換到其他已登入的帳號 (最多可同時管理 5 個帳號),可以在個人檔案畫面長按帳號名稱,再點選要切換的帳號。

Instagram 一次只能登入一個帳號,但行動裝置可以儲存多個帳號登入資料,點選即可輕鬆登入。若欲移除登入資料 (之後需輸入電子郵件或手機號碼和密碼),於畫面右上角點選 ☰ \ ⚙ **設定和隱私** \ **登出** \ **登出**,畫面右上角點選 ⚙ \ 要移除登入資料的帳號 \ **移除個人檔案** \ **移除**。

Instagram QR 碼

TIPS 102

"QR 碼" 就如同家的數位名片，讓顧客可以直接透過掃描的方式找到並追蹤。

顯示 QR 碼

跟三五好友或是顧客見面時，只要秀出 Instagram QR 碼，讓他們掃描，即可快速追蹤你的店家帳號。

於帳號畫面點選 ☰ \ 🈁 **QR 碼** 會顯示 QR 碼，樣式有三種，分別是 **表情符號**、**自拍** 及 **顏色**，點選畫面上方的文字框即可切換。

■ **顏色**：中間會顯示你的 QR 碼，背景則是漸層色彩，點選背景就可以切換，共有 5 種不同的漸層色彩，再加黑色。

■ **表情符號**：中間會顯示你的 QR 碼，背景圖會鋪滿表情符號，點選背景可指定不同的表情符號。

■ **自拍**：一開始會要求先拍自拍照，再搭配一個可愛圖示，完成後回到畫面，中間會顯示你的 QR 碼，背景則是剛剛拍好的自拍大頭貼。

分享 QR 碼與顧客掃描方式

店家的 QR 碼，可以透過下方 **分享個人檔案** 和 **複製連結**，儲存或分享到各個社群平台，並用於名片、海報或透過列印方式張貼在店頭，吸引顧客掃描追蹤。

不論紙本或行動裝置上的 QR 碼，顧客需開啟行動裝置上的 Instagram App，於帳號畫面點選 ☰ \ 🈁 **QR 碼**，再於畫面右上角點選 🈁 開啟相機模式，接著用相機中間的方框對準店家 QR 碼，顯示掃描結果，再點選 **追蹤** 鈕。

邀請好友追蹤你的 IG 帳號

當你的顧客或是好友也有 Instagram 帳號，就可以邀請他們來追蹤你的店家 IG 帳號，隨時掌握最新訊息。

使用簡訊邀請

step 01 於帳號畫面點選 ☰ \ ⚙ **設定和隱私**，再點選 **追蹤和邀請朋友 \ 透過簡訊邀請朋友**。

step 02 會開啟行動裝置的簡訊畫面並已輸入好預設的內容，於 **收件人** 輸入欲邀請的人員，稍微修改文字內容後，點選 ⬆ (或 →) 就可以將訊息發送出去。

使用電子郵件邀請

step 01　於帳號畫面點選 ☰ \ ⊙ 設定和隱私，再點選 追蹤和邀請朋友 \ 透過電子郵件邀請朋友。

step 02　會開啟行動裝置的電子郵件畫面並已輸入預設的內容，於 收件人 輸入欲邀請的人員，稍微修改文字內容後，點選 ⬆ (或 ➡) 就可以將訊息發送出去。

使用其他即時通訊 App 邀請

於帳號畫面點選 ☰ \ ⊙ 設定和隱私，再點選 追蹤和邀請朋友 \ 透過以下方式邀請朋友，下方清單中點選欲使用的 App (LINE、Messenger...等)，開啟並傳送訊息。

利用摯友名單整理 VIP 顧客

TIPS 104

利用 **摯友** 功能將你的顧客變成品牌 VIP，達到差異化服務與精準行銷的目的，提升顧客忠誠度。

建立摯友名單

於帳號畫面點選 ☰ \ ▤ **摯友**，初次建立若名單空白可點選 **搜尋** 欄位，輸入關鍵字，下方清單會顯示符合的顧客名稱，點選要加入的顧客名稱，呈 ✔ 狀後，點選 **完成** 鈕。

管理摯友名單

帳號畫面點選 ☰ \ ▤ **摯友**，在 **摯友** 名單中取消點選，呈 ○ 狀，即可移除該位摯友；如果要移除全部摯友，可以點選 **全部清除**。(加入或移除摯友的動作並不會通知對方，所以不用擔心會影響彼此關係。)

雙重驗證保護帳號安全

TIPS 105

雙重驗證是目前很多社群、網站在帳號登入時最常使用的方式,可提升並保護個人帳號的安全性。

step 01 於帳號畫面點選 ☰ \ ⚙ **設定和隱私** \ ⊚ **帳號管理中心**,再點選 🛡 **密碼和帳號安全** \ **雙重驗證**。

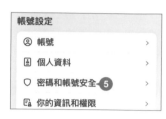

step 02 點選帳號,再核選要驗證的方式,新增電話號碼後,會收到一封確認碼簡訊,輸入後點選 **繼續** 鈕。

step 03 確認碼無誤後即啟用雙重驗證，點選 **備用驗證碼**，會顯示幾組驗證碼，這可讓你身處在無法接收簡訊驗證的場所時，只要輸入其中一組驗證碼即可登入 (每組限用一次)，最後點選 **完成** 鈕。

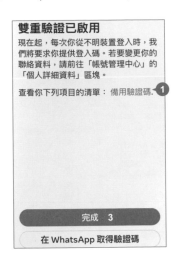
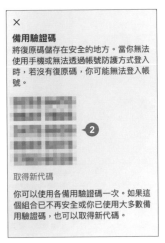

之後如果需要使用備用驗證碼，可以點選 ☰ \ ⚙ **設定和隱私** \ ⓐ **帳號管理中心**，再點選 ♡ **密碼和帳號安全** \ **雙重驗證** \ **帳號** \ **其他方式** \ **備用驗證碼** (或 **驗證碼**)，就可以看到備用驗證碼 (建議另外筆記或擷圖儲存至相簿)。

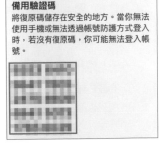

封鎖粉絲帳號

TIPS 106

如果遇到奇怪不受控的顧客,或是惡意攻擊、廣告或推銷的帳號,可以透過 **封鎖** 讓對方無法找到你。

step 01　於帳號畫面點選 **粉絲**,於粉絲清單中點選欲封鎖的帳號大頭貼。

step 02　進入該帳號畫面,於右上角點選 ⋯ \ **封鎖**,點選欲封鎖的狀態,再點選 **封鎖** 鈕即完成,之後就看不到該帳號的貼文。

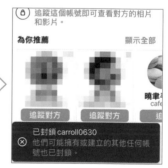

小提示

解除封鎖

如果想要解除封鎖,只要於帳號畫面點選 ☰ \ ⚙ **設定和隱私** \ **已封鎖**,清單中想要解除的帳號右側點選 **解除封鎖** 鈕即可。

TIPS 107 停用或是刪除 Instagram 帳號

經營帳號是心血、成本與誠信的累積，所以停用或刪除帳號前請先三思而後行，找到問題點並嘗試排除困難，切勿衝動！

停用帳號

停用帳號會將你的檔案資料、相片、影片、留言、按讚...等暫時隱藏起來，直到你重新登入啟用帳號為止。(剛停用需等幾個小時才能恢復，一週只能停用帳號一次。)

step 01 於帳號畫面點選 ☰ \ ⚙ **設定和隱私** \ ◎ **帳號管理中心**，再點選 🔳 **個人資料** \ **帳號所有權和控制項** \ **停用或刪除** \ **帳號**。

step 02 核選 **停用帳號** 後，輸入 Instagram 帳號密碼，於 **停用 Instagram 帳號** 核選合適理由，停用帳號前 Instagram 會提供一些文章供瀏覽，最後確認後點選 **停用帳號** 鈕即完成 (完成後會被登出 Instagram)。

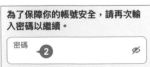

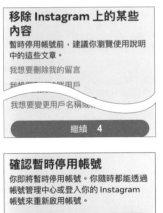

刪除帳號

請注意！刪除帳號後，該用戶名稱無法再次註冊，也無法在其他帳號使用，Instagram 也無法重新啟用已刪除的帳號。

step 01 於帳號畫面點選 ☰ \ ⚙ 設定和隱私 \ ⓐ 帳號管理中心，再點選 ▣ 個人資料 \ 帳號所有權和控制項 \ 停用或刪除 \ 帳號。

step 02 核選 **刪除帳號** 後，於 **停用 Instagram 帳號** 核選合適理由，停用帳號前 Instagram 會提供一些文章供瀏覽，最後輸入 Instagram 帳號密碼，確認後點選 **刪除帳號** 鈕即完成 (完成後會被登出 Instagram)。

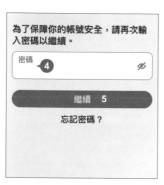

FB

IG

LINE

07

有效發文術 - 優化文字、相片與影片

優化內容吸引粉絲！在 Instagram 分享產品與活動的相片、影片，加上吸引人的文案、標籤、標註人名與地點...等，讓貼文更容易被搜尋被看到，也同時提升店家或品牌的能見度。

TIPS 108. 即拍即傳的相片貼文

Instagram 可以選擇直接拍照或上傳已拍好的相片,再透過編輯及濾鏡調整後上傳產品或活動貼文。

拍照取景

立即拍照上傳產品或活動相片。

點選 ⊕ \ ◎,點選相片中的要對焦的位置,再點選 ○ 拍照。

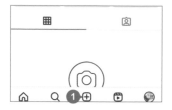

套用濾鏡

相片拍攝完後,可以套用各種濾鏡達到美化效果。

點選 **濾鏡**,於濾鏡清單向左或向右滑動,點選合適濾鏡套用。

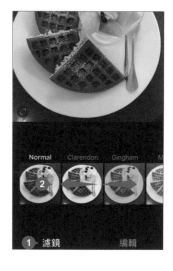

調整相片角度、亮度、顏色

套用好濾鏡後，還可以針對相片偏斜或對比、色調...等細節做調整。

step 01　點選 **編輯** \  **調整**，於角度調整列向左或向右滑動可以調整相片角度，確認後點選 **完成**。

step 02　點選 ☼ **亮度**，拖曳控制點向右滑動適當的加亮相片 (向左移動則變暗)，確認後點選 **完成**。

step 03　依相同操作方式，可以針對 ◐ **對比**、△ **結構** 或 🌡 **暖色調節**...等項目調整出最合適的相片風格，完成所有調整後，於畫面上方點選 **下一步**。

step 04　輸入相片的說明文字後，點選 **分享** 將這則相片貼文上傳至 Instagram。

TIPS 109　從相簿上傳的相片貼文

之前拍好存在行動裝置裡的相片，也可以上傳至 Instagram，同樣可以套用濾鏡、調整角度、亮度...等效果。

step 01　點選 ➕ 與選擇相簿，於畫面下方點選要上傳的相片，再點選 ⌐ 和 **下一步** (或 ➔)。

step 02　套用濾鏡及編輯相片後，點選 **下一步**，再輸入說明文字，最後點選 **分享**。

從相簿上傳的影片貼文

上傳一段影片至 Instgram，會導引至連續短片的編輯與發佈為 Reels (Part 09 有相關說明)；若想單純用貼文分享，需上傳二段以上影片。

step 01 點選 **+** 與選擇相簿，點選第一段影片後，再點選 **▣**，依序點選要上傳的影片，再點選 **下一步** (或 **→**)。

step 02 點選合適的濾鏡效果套用 (會套用至全部影片)，或點選影片縮圖進入專屬編輯畫面。

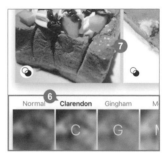

套用濾鏡

點選 **濾鏡**，於濾鏡清單向左或向右滑動，點選合適的濾鏡效果套用。影片預設為播放狀態，再點選就會暫停播放。

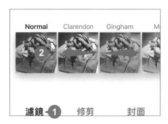
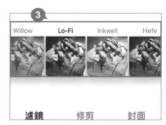

影片靜音

在編輯畫面上方點選 🔊 呈 🔇 為靜音。(再點選 🔇 呈 🔊 即可恢復聲音)

修剪影片

點選 **修剪**，拖曳影片起始點與結束點到要呈現的時間點。

設定影片封面

點選 **封面**，於封面清單向左或向右滑動縮圖，選擇合適的封面套用，點選 **完成** 與**下一步**，輸入貼文說明後點選 **分享**就可以上傳。

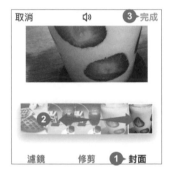

TIPS 111 一次上傳多張相片或影片的貼文

一則貼文中最多可上傳 10 張相片或影片 (可混搭)，將活動相關相片、影片都放在同一則貼文，讓粉絲方便一次觀看。

step 01
點選 ➕ 與選擇相簿，點選第一張相片或影片後，點選 🔲，依序點選要上傳的素材，再點選**下一步** (或 →)。

step 02　已加入多張相片、影片但想再新增，可向左滑動素材縮圖，於最右側點選 ➕，再依序點選要新增的素材，最後點選 **完成** (或 **下一步**)。

若要刪除素材，可點住縮圖不放，待出現 🗑，往下 (或往上) 拖曳至 🗑 上方即可刪除該素材。

step 03　點選合適的濾鏡效果套用 (會套用至全部素材)，或點選素材縮圖進入專屬編輯畫面，完成後點選 **完成**、**下一步**，最後依貼文流程操作上傳。

上傳完成的貼文，若有多張相片、影片，底下會有 ⋯ (點數代表素材數量)，瀏覽者只要向左或向右滑動，就可看到更多相片或影片。

吸睛的貼文內容

TIPS 112

貼文除了要有優質的相片、影片,還可以利用推廣文案、貼圖與 hashtag (主題標籤) 提升曝光度。

增加小圖示

相片說明中加上能呈現喜怒哀樂的表情貼圖,讓貼文更活潑有趣。

輸入說明時,將行動裝置鍵盤切換到表情符號 (依各家行動裝置操作有所不同),再點選合適的符號貼圖加入。

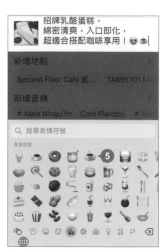

增加 hashtag

相片說明中加入品牌名稱、產品名稱、店家帳號...等 hashtag,能把相關的貼文串聯在一起,吸引更多人搜尋並看到。

在貼文中輸入關鍵字前先加上「#」,輸入文字後再於清單中點選合適的 hashtag。(一則貼文可以標註多個 hashtag,更多相關說明可參考 Part 08。)

標註人名或地點

貼文中標註用戶 (合作夥伴、設計師、代言人...等) 或是地點,除了可以豐富貼文內容,還可以讓粉絲從中快速取得更多訊息。

標註人名

在相片中標註用戶,被標註的用戶也可以收到這則貼文的通知。於 **新貼文** 畫面點選 **標註人名**,點選相片後,於 🔍 欄位輸入要標註的用戶名稱,再於清單點選正確的用戶名稱,接著拖曳標籤到合適的位置,最後點選 **完成** (或 ✓)。

如果想標註多個帳號,可以再點選相片任一處重複相同操作方式;如果要刪除已標註的用戶名稱,可以點選已標註的標籤,再點選 ⊗ 即可刪除標註。

小提示

如何在已上傳貼文標註人名與地點?

想在已上傳的貼文再標註人物、地點,可在該貼文右上角點選 ⋯ \ **編輯**,再點選 **標註人名**、**新增地點** 即可。

標註地點

在貼文中標註地點,可強調品牌或店家,若有人搜尋該地點,你的貼文也會出現在對方的搜尋結果中,於 **新貼文** 畫面點選 **新增地點**,在 🔍 輸入要標註的地點,再於清單中點選正確的名稱完成標註。

 TIPS 114 相片比例設定

貼文中的相片除了預設以正方形比例呈現,也可以維持原始的比例完整顯示。

點選 ➕ 與選擇相簿,點選要上傳的長方形相片,再點選相片左下角 ⟲,即會以相片原始比例顯示。

當上傳多張相片為不同比例時,會以第一張相片的比例為主,若第一張相片為橫式顯示,其他張相片都會裁切為橫式。

TIPS 115 編輯與刪除已上傳的貼文

貼文發佈後發現不合宜的內容或發錯平台，都可以透過編輯功能修改內容或刪除貼文。

編輯貼文

於帳號畫面點選要編輯的貼文縮圖，點選 ⋯ (或 ⋮) \ ✎ **編輯**，就可以再次編輯文字、標註人名或新增地點，編輯後點選 **完成** (或 ✓)。

刪除貼文

於帳號畫面點選要刪除的貼文縮圖，點選 ⋯ (或 ⋮) \ 🗑 **刪除**，再點選 **刪除** 確認。

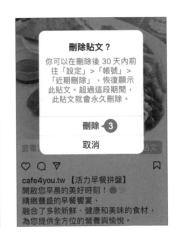

留言、回覆留言

TIPS 116

想要強化店家與用戶的互動，一方面可於自己的貼文主動留言或是回覆留言，另一方面可鎖定與品牌理想客群類似的用戶、主題、標籤...等，適當的於其貼文下方留言，可以增強店家的曝光度。

在貼文留言

貼文下方點選 🔍 ，於 **留言** 畫面輸入留言的文字後點選 **發佈**，就完成對此貼文的留言。

點讚、回覆留言

貼文下方點選 🔍 ，於 **留言** 畫面點選要回覆留言下方的 **回覆** (會自動 Tag "@" 回覆對象)，輸入回覆的內容後，點選 **發佈**。

也可以點選右側的 ♡ 呈 ♥ 狀表示對這則留言點讚。

將喜歡的貼文珍藏並分類

TIPS 117

店家或小編可以透過珍藏動作，收集不錯的活動文案、產品介紹…等貼文並分類，之後經營自家產品或活動貼文時可以參考與學習。

珍藏貼文

在想珍藏的貼文點按 🔖 呈 🔖 表示已珍藏此貼文。(再點選一次即取消珍藏)

查看珍藏的貼文

於帳號畫面點選 ☰ \ 🔖 **我的珍藏**，再點選 **所有貼文** 可看到珍藏的貼文。

新增珍藏貼文分類

step 01 於 **我的珍藏** 畫面點選 ➕，輸入要新增的分類名稱後，點選 **下一步**，再點選要加入此分類的已珍藏貼文，最後點選 **完成** (或 **新增**)。

step 02 完成後在畫面中可看到新增的分類，點選就可查看此分類中的貼文。(點選 ❮ 即可回到上一頁)

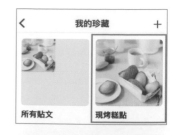

建立珍藏貼文分類後，於要珍藏的貼文點住 🔖，就會出現珍藏分類選項，點選合適分類，貼文就會珍藏至該分類 (沒有合適可再點選 ➕ 新增分類)。

編輯珍藏分類

如果要變更珍藏分類的封面、名稱，可在 **我的珍藏** 畫面點選要編輯的珍藏分類，點選 ⋯ (或 ⋮) \ **編輯珍藏分類** \ **變更封面** 於此處挑選其他圖片當成封面，再點選 **名稱** 下方欄位輸入新的名稱，編輯後點選 **完成** (或 ✓)。

刪除珍藏分類

如果要刪除珍藏的分類，在 **我的珍藏** 畫面點選要刪除的珍藏分類，再點選 ⋯ (或 ⋮) \ **刪除珍藏分類**，再點選 **刪除**。(珍藏的貼文仍保留在 **所有貼文** 分類中不會被刪除)

開啟貼文、限時動態和留言通知

TIPS **118**

善用推播通知，隨時掌握點讚或留言、特定朋友和帳號貼文、Direct 訊息...等通知，就不會錯過任何顧客訊息，還能即時處理與回應。

step 01 於帳號畫面點選 ☰\ ⚙ 設定和隱私。

step 02 點選 **通知**，畫面中點選要開啟或關閉的通知項目，以 **貼文、限時動態和留言** 為例，點選後可設定 **讚、有你在內的相片**...等相關通知項目。

小提示

暫停全部通知

如果想暫停全部項目，於帳號畫面點選 ☰\ ⚙ 設定和隱私 \ ᐃ 通知，可於畫面 **全部暫停** 右側點選 ⬜ 呈 🔵 狀。

善用訊息讓溝通零距離

TIPS 119

店家可以利用文字、貼圖、相片...等不同的訊息方式,即時回覆顧客需求,藉此經營顧客關係並提升品牌印象。

傳送文字訊息

於 ⌂ 畫面右上方 ▽ 或 ◎ 圖示上若有數字,表示目前有新訊息。點選 ▽ 或 ◎,再點選要傳送訊息的帳號即可開啟訊息聊天室,下方欄位輸入文字訊息再點選 **傳送** 就可以將訊息傳送給對方。

加入心情貼圖

訊息可以透過各種情緒貼圖表達心情。在輸入訊息時,將行動裝置鍵盤切換到表情符號 (依各家行動裝置操作),點選合適貼圖後點選 **傳送**。

傳送相片、影片

用相片、影片更能直覺傳遞所看所想。在訊息傳送欄位點選 ，接著點選要傳送的相片、影片 (可點選多項目；影片需在 60 秒內)，再點選 **傳送** 鈕。

對訊息點讚 (給愛心)

傳來的相片、影片、文字訊息，除了直接回覆，還可以連點二下該訊息表示讚 (給愛心)，對方也會收到你點讚的通知。

儲存接收到的相片、影片

長按訊息中的相片、影片，再點選 **儲存**，就可以將相片、影片儲存到行動裝置相簿中。

Instagram

用訊息聊天室管理用戶訊息

商業帳號可以在訊息聊天室管理 Instagram 用戶傳送給你的訊息，也能設定自動回覆訊息。

顯示已標示的訊息

為訊息聊天室標示旗子，之後利用篩選功能快速找出這些標示旗子的訊息聊天室，不怕錯過任何內容。

step 01 於 ⌂ 畫面點選 ▽ 或 ◉ 進入，先點選要標示旗子的訊息聊天室，再點選 ◌，於 ⚑ **標示** 右側點選 ○ 呈 ◉ 狀，與 **儲存** 鈕。

step 02 回到訊息聊天室清單可以看到該訊息聊天室已產生標註圖示，點選搜尋列右側 **篩選 \ ⚑ 已標示**，即可篩選出已標示的訊息聊天室。

自動回覆範本

將常見問題建立成自動回覆範本，快速回覆訊息聊天室內的問題。

step 01 於帳號畫面點選 ☰ \ ⚙ **設定和隱私**，再點選 ▦ **商業工具和控制項** \ **預存回覆**。

step 02 首次使用點選 **新增預存回覆** (之後使用點選 ➕)，於 **捷徑** (或 **快速鍵**) 輸入文字 (目前實測只能輸入英文與數字，若要輸入中文需先至其他軟體或平台輸入再複製貼上。)，再於 **訊息** 輸入要呈現的完整訊息，最後點選 **儲存** (或 ✓) 與多次 ⟨ 回到主畫面。

step 03　於訊息聊天室，訊息列輸入該捷徑文字時，會出現 **預存回覆**，點選後會產生指定的回覆文字至訊息列，最後再點選 **傳送**。

小提示

編輯或刪除預存回覆範本

如果想要修改或刪除快速回覆範本，於帳號畫面點選 ☰\ ⚙ 設定和隱私，再點選 📊 商業工具和控制項\ 預存回覆，清單中點選想要編輯的範本直接修改，或點選 **刪除預存回覆、確定**，直接刪除。

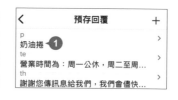

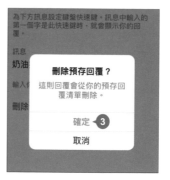

FB

IG

LINE

貼文觸及翻倍粉絲秒追蹤 - 善用 hashtag 與限時動態

貼文中加上 "對的" hashtag 可以提高瀏覽量與曝光率,也更能擊中目標客群,再利用限時動態與顧客互動,牢牢抓住顧客的目光!

TIPS 121 社群行銷觸及率加倍！hashtag (#)

hashtag (#) 是因應時下潮流、議題與時事狀況而竄起的標籤類型，Instagram 貼文中加註適合的主題標籤，能讓大家方便快速的瀏覽有標記相同主題標籤的貼文。

該如何讓更多人看見你的貼文呢？使用過 Facebook、YouTube、Twitter...等社群網路工具，想必對 hashtag 不陌生。起初是貼文的關鍵字，後來逐漸轉變成告訴粉絲自己正在做的事、內心想法或心情。

什麼是 hashtag？

加上一個詞、單字或是句子，就成為一個 hashtag，又稱主題標籤。通常 hashtag 可能具有主題性 (#櫻花季)，品牌 slogan (Nike 的 #justdoit)、(可口可樂的 #shareacoke)、地區或地標 (法國巴黎鐵塔 #EiffelTower) ...等性質，透過 hashtag，粉絲可以搜尋到你的貼文並連結到所有標記這個詞的公開貼文。

正確使用 hashtag

貼文裡如果要加入 hashtag 時，先輸入「#」符號，再輸入一個詞、單字或句子的關鍵字，需注意相連的單詞之間不能有空格、# 符號與文字間不能包含標點符號或特殊字元，如果有二個以上的 hashtag 時，hashtag 之間要用一個空白區隔。例如：

#Coffee #Foodie #coffeeoftheday
#咖啡館 #美食

貼文在公開的狀態下，有 hashtag 較容易被大眾搜尋到；而 hashtag 最多可放 30 個，hashtag 放太多會影響圖片內文的觀看效果。另外使用與貼文相關的 hashtag，若只是盲目的加入卻和圖文不相關，反而會讓粉絲覺得有被欺騙的感覺，甚至進而取消追蹤，對品牌形象產生負面的影響。

解析超人氣 hashtag

TIPS 122

使用最多人追蹤、流行性高的 hashtag，可以大幅提升被搜尋到的機率，也能有效提升品牌曝光度。

有些貼文上的英文 hashtag 看不懂！又擔心用錯關鍵字，以下分享幾組超人氣 hashtag：

#love (21.4 億則貼文)

Instagram 上最熱門的標籤就屬 love，任何圖文幾乎都能標註 #love 這個關鍵字，提高貼文的熱門程度。

#instagood (16.5 億則貼文)

從 Instagram 衍生出來的 hashtag，只要自認是很棒的相片 (含自我推薦之意)，就可以加上這個標籤！

#ootd (4.2 億則貼文)

Outfit Of The Day，今日穿搭。透過這個標籤分享日常穿搭，或分享旅行、運動、下午茶...等主題的造型、穿搭配件。

#ootn (1,119 萬則貼文)

Outfit Of The Night，當天晚上參加派對或聚餐的時尚造型。

#photooftheday (10.3 億則貼文)

本日最佳照片。Photo Of The Day 沒有標準答案，放上喜歡的相片就對了，產品與活動相片也很適用！

#swag (1.4 億則貼文)

充滿強烈的個人風格、外型魅力與印象。

#selfie (4.5 億則貼文)

自拍。在 Instagram 常見自拍照各式特色自拍照。

#tbt (5.8 億則貼文)

Throwback Thursday 縮寫，原來代表 "在星期四放上過去的相片"。一開始只是因為大家星期四都忙無法抽空拍新相片，才會選擇貼出舊相片。之後只要有舊相片想要分享，就會在貼文中放上 #tbt，既簡單又明瞭！

#nofilter (2.8 億則貼文)

強調這張相片本身就很優，完全不用套用濾鏡。

#likeforlikes (3.8 億則貼文) 或 #like4likes (1.4 億則貼文)

代表 "你幫我按讚，我也會幫你按讚"，使用這個 hashtag 的用戶希望能累積大量人氣，所以下次如果看到了，記得幫忙按讚衝衝人氣。

#coffeeoftheday

今日最棒的咖啡。

#goals

目標。

精選 4 種主題專用的 hashtag

TIPS 123

Instagram 有數不清的 hashtag，以下根據貼文內容整理四種常見類型，讓你可以快速為貼文加入合適的 hashtag。

"美食" 專用

美食類貼文非常熱門，是大家喜愛點 "愛心"、瀏覽的主題，為了方便分類與搜尋，都會標記 "地點" 和 "美食類別"，其次是美食相關主題。除了 "吃" 的內容，同時也常提及穿搭和旅遊，以下為常見的美食類 hashtag：

- #food、#foodpic：食物相片。

- #foodie：美食家，代表你是一個享受與熱愛美食的專業饕客；如果增加區域性的關鍵字，如：jpfoodie，則可以找到當地美食。

- #fromabove：由上而下的拍攝手法，較常用於美食照。

- #foodporn：美食照的浮誇說法，形容讓人口水直流的美食近照。

- #foodstagram：美食當前，先不急著動手，讓相機 "先食"。

- #handsinframe：相片中搭配手勢或其他動作，讓食物呈現不一樣風格，更加生動有趣。

- #mmm、#nom、#yummy、#delicious、#delish：形容美味。

"運動" 專用

近幾年運動風潮愈來愈興盛，各式類型的運動，如：健身、游泳、瑜珈、慢跑、打球…等族群也愈來愈多，除了瘦身減脂等健康因素，大家開始對自己的體態有更多的要求。以下列舉幾個跟運動相關的 hashtag：

- ■ #fitness：代表健康、健壯。

- ■ #workout：健身

- ■ #cardio：有氧運動

- ■ #exercises、#sport：運動。

- ■ #fit：身材健美

"旅行" 專用

旅行也有專用 hashtag！不論是旅行設備、地點…等分享，或是充滿新意的旅遊美照，試試這些 hashtag 幫你的相片傳達更多訊息！

- ■ #wanderlust：旅行控，對於旅行有著無法抑制的渴望。

- ■ #Instago：將 Instagram 與 go 二個單字結合成一個 hashtag，代表前進、出發之意。

- ■ #travelgram：將 travel 與 Instagram 二個單字結合成一個 hashtag，只要跟旅行有關的相片都適用！

- ■ #instatrave：即刻旅行。

- ■ #roadtrip：公路旅行。與家人或幾個好友，一邊開車一邊享受旅行所帶來的樂趣，旅途中拍的所有相片，都可以用。

- #worldcaptures：代表專業的攝影內容或壯觀的景色。

- #getaway：逃離現實、工作還有煩惱的心境，另外也時常被用在各種旅遊祕境上。

- #citywalk：漫步世界各地，透過相片記錄當下的點滴回憶，是一款城市旅行專用的 hashtag。

- #museum：博物館

- #sunshine：陽光

- #rooftopbar：高空酒吧

- #olympicgames：奧運

- #oldtown：舊城

- #cathedral：大教堂

- #modernart：現代藝術

- #gallery：畫廊

- #opera：歌劇

- #ballet：芭蕾舞。

"流行時尚" 專用

以下整理了幾個身為時尚迷一定要知道的 hashtag，如果品牌與時尚有關，貼文透過這些分享，可以更容易找到正確的目標客群，透過這些 hashtag 也能觀摩流行趨勢與時尚穿搭貼文。

- #wiwt：為 "What I wore today" 的縮寫，主要跟大家分享 "我今天穿了什麼"。

- #coffeenclothes：結合 Coffee 與 Clothes 兩個關鍵字，代表去咖啡廳的造型裝扮，其中還能看到甜點、咖啡拉花...等相片。

- #makeyousmilestyle：讓你開心的造型，可能是衣服的圖案、顏色、一句幽默的標語...等。

- #fashion：關於時尚、流行。

- **#shoecrush**：這是專為女生所設計的 hashtag，讓她們可以盡情炫耀、大方曬鞋。

- **#fashionista**：形容敢秀、敢穿，充滿自信的女生，自許時尚達人或品位非凡的人。

- **#streetstyle**、**#streetfashion**：所謂的街頭穿搭照，將造型與街景或建築做一個整體搭配，是歐美常用的 hashtag。

- **#hypelife**："hype" 形容熱血、瘋狂、超嗨的事物，所以 #hypelife 即是強調超酷超炫的生活方式，不管是潮流的追隨者或是充滿態度的生活者都可以使用。

- **#urbanoutdoor**：戶外活動興起，如果你的貼文中有許多戶外元素，像是機能服飾、裝備...等，或是融合時尚元素的穿搭，就可以搭配這個 hashtag。

- **#beautiful**：漂亮。

- **#photography**：攝影。

- **#style**：風格。

小提示

為什麼多數都使用英文的 hashtag？

簡單來說，英文是全球的共通語言，使用英文的 hashtag，才能增加被全世界看到的機會。

現在也有許多台灣在地的 hashtag，同時標註所在地名稱與關鍵字，像是：#台南美食、#台南景點、#台中甜點、#台中早午餐、#台北餐廳...等，如果你的目標客群比較偏在地化，就可以放上這些在地的 hashtag。

TIPS 124 貼文該怎麼下 hashtag？

一則貼文依圖、文內容最多可加入 30 個 hashtag，但建議依小眾、中型、大眾三個階段策略性下 hashtag，才能有效增加曝光度。

■ 每則貼文的 hashtag 除了標記符合主題的熱門大眾標籤 (例如：#food、#foodpic)，也要有相對中型與小眾的標籤 (例如：#台南美食、#花園夜市、#小卷米粉)，藉此觸及更多目標與潛在顧客。

■ 不知道該用什麼 hashtag 時，可以運用 "標籤產生器" 幫你找出合適的主題標籤：在此推薦 Hashtag Generator Tool「https://influencermarketinghub.com/instagram-hashtag-generator/」(可用行動裝置掃描右側條碼)，只要在網站中上傳相片，便會依據相片分析，自動產出 hashtag，再根據自己的需求選擇 hashtag 使用 (此工具只能選取、複製五個關鍵字) (複製、貼上的第一個 hashtag 會是此網站名稱，可依需求調整。)

■ 在 Instagram 新增貼文時，輸入 hashtag 的 "#" 與關鍵字時，可以從建議清單看到相關的 hashtag 及貼文數，也可參考這些數據選擇。

用 "搜尋" 掌握熱門 hashtag

到底要加入哪些 hashtag？除了參考前面推薦的 hashtag，還可以透過以下搜尋方式，了解大家最愛關注的焦點！

於 🔍 畫面點選 **搜尋** 輸入關鍵字後搜尋，接著點選 **#** (或 **標籤**)，可以從結果清單看到相關的 hashtag 及貼文數，藉此作為選用的參考依據。

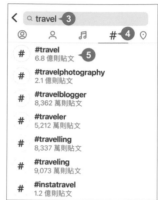

追蹤喜歡的 hashtag

精準追蹤一系列與經營店家、產品相關的 hashtag，追蹤後可瀏覽該主題標籤發佈的最新限時動態和熱門貼文。

step 01 於 ⌂ 畫面的貼文中點選要追蹤的 hashtag，再點選 **追蹤** 呈現 **追蹤中** 狀態即可。

step 02 點選 ⟨ 返回 ⌂ 畫面，之後只要追蹤的 hashtag 有新貼文，就會出現在主畫面。

追蹤的 hashtag 哪裡找？

TIPS 127

追蹤了 hashtag 後，一定會問：這些追蹤的標籤到底收集在哪裡？趕快跟著以下步驟，找到追蹤的 hashtag 吧！

於帳號畫面點選 **追蹤中**，再點選 ****追蹤名單 \ 主題標籤、創作者和商家 \ 主題標籤**，可看到目前追蹤的 hashtag。(**搜尋** 列輸入關鍵字可搜尋目前追蹤的 hashtag)

取消追蹤 hashtag

TIPS 128

興趣、喜好都會隨著時間變更，可刪除不常瀏覽或是與目前店家性質不同的 hashtag。

step 01
於帳號畫面點選 **追蹤中**，再點選 ****追蹤名單 \ 主題標籤、創作者和商家 \ 主題標籤**。

step 02
於要取消追蹤的 hashtag 右側點選 **追蹤中 \ 取消追蹤**，原來的 hashtag 會變成 **追蹤** 狀態表示已取消追蹤。

社群行銷品牌爆發！限時動態

限時動態是目前最熱門的曝光管道，更是企業廣告與宣傳的行銷利器，利用充滿趣味與互動性的內容，玩出創意新商機。

什麼是限時動態？

限時動態具時效性，上傳的相片或影片內容會以幻燈片型式呈現，並在 24 小時後自動消失，用戶可以隨心所欲分享，更不用擔心留下任何記錄。限時動態不同於一般貼文，無法公開留言或按讚，粉絲只能透過私訊或表情符號發送給該限時動態的上傳者。

限時動態的內容

限時動態呈現多元，包含濾鏡風格、趣味貼圖、各種筆刷、純文字、互動式投票、直播，另外有臉部濾鏡、放大、倒轉...等特殊效果、甚至是嵌入網站連結功能；比起一般貼文，限時動態的趣味與互動性更多，也可以藉此增加朋友或追蹤者對自己或品牌的關注。

限時動態的優勢

限時動態自推出以來，每日的活躍用戶一直爆炸性成長，對於想要經營品牌的企業來說，限時動態是一定要掌握的行銷方式。

企業可以藉由限時動態建立品牌故事、分享產品內容；更可以透過 "限時" 特性，讓顧客在特價期間不買可惜的心態下，產生衝動性購買，為產品炒熱話題。對企業而言，如何在短短幾秒抓住顧客目光，降低轉出率，引導 "查看更多" 進入產品連結網站，才是品牌推廣與行銷的最終目的。

將相片或影片上傳到限時動態

TIPS 130

透過相片或影片設計屬於產品的 "故事" 或 "新鮮事"，又或是折扣、活動內容...等訊息，分享到限時動態吸引顧客、增加互動。

step 01 點選 ⊕ \ **限時動態**，接著立即拍照可點按 ◯ 或選按左側相簿選擇合適的相片、影片。

step 02 利用 Aa、☺、✦、⋯ \ ✏ (影片還多了 ◁)，加入文字、貼圖、特效濾鏡或塗鴉，完成後再點選下方 **限時動態** 傳送。

回到 ⌂ 畫面，會於限時動態列看到自己的大頭貼出現彩色圓框，代表已有限時動態內容；點選大頭貼可以瀏覽限時動態內容，24 小時後即自動消失。

TIPS 131 運用素材與特效增強限時動態

限時動態提供了濾鏡、貼圖、動畫、標註時間、地點、主題標籤以及加入塗鴉與手寫文字...等特效，讓店家限動更有特色。

點選 ⊕ \ **限時動態**，選擇合適的相片、影片進入限時動態編輯畫面，依下方說明設定：

■ **濾鏡**：向左或向右滑動即可為目前的相片、影片套用不同濾鏡。

■ **文字**：點選 Aa，輸入文字後，下方可點選字體套用；點選 ◉ 可以設定顏色；點選 ☰ 可以切換文字對齊方式；點選 A⁺ 可以切換樣式 (不同字體可變化的樣式不同)；點選 ﹙ 可以產生動態字體。

■ **貼圖、動畫**：點選 ☺，利用關鍵字搜尋各種貼圖，上下滑動可以瀏覽。

■ **時間、地點、主題標籤**：點選 ☺，分別點選 **時間**、**地點** 及 **#主題標籤**，可在相片或影片上標註相關資訊，點選貼圖數次變更樣式與顏色，或拖曳移動位置、左右旋轉角度、內外縮放調整顯示比例。

■ **塗鴉**：點選 ✎，先點選畫面上方 🖊、✒、🖌、🖍、🔲 其中一種筆型，接著上下拖曳左側滑桿調整畫筆粗細，並於畫面下方左右滑動瀏覽與點選色票後，即可隨意塗鴉。

將限時動態分享給 VIP 顧客

TIPS 132

如果使用商業帳號，則一定都是公開帳號，因此發佈的限時動態，每個人都看得到，如果只想讓 VIP 顧客看到，可以使用 **摯友** 功能。

進入限時動態編輯畫面，待完成編輯要傳送時點選 **摯友**，會將限時動態分享給指定顧客。(於帳號畫面點選 ☰ \ ▤ **摯友**，即可建立摯友名單或 VIP 顧客名單，詳細說明請參考 P6-15。)

限時動態誰看過？

TIPS 133

哪一則限時動態最多人看過？有多少人看過？哪些顧客看了？知道這些數據資料，可以幫助店家分析各式產品與經營方向。

於 ⌂ 畫面限時動態狀態列點選大頭貼開啟限時動態，向上滑動可以看到目前在限時動態內的貼文，再點選 ◉ 則是可以看到瀏覽過該限時動態的人數、名稱。

儲存或刪除限時動態的相片影片

TIPS
134

限時動態上傳後才發現文案有錯,在與顧客產生糾紛前,可以立即刪除,另外還可以將重要的限時動態備存到行動裝置相簿。

step 01

開啟已上傳的限時動態,點選 🔳 (或 ⫶) **更多 \ 刪除 \ 刪除**,會刪除這則相片或影片限時動態。

step 02

如果點選 🔳 (或 ⫶) **更多 \ 儲存**,再點選 **儲存相片** (或 **儲存影片**),會將這則限時動態的相片或影片儲存到行動裝置相簿;若點選 **儲存限時動態**,則會將目前所有的限時動態內容以影片形式儲存到行動裝置相簿。

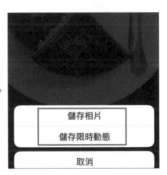

小提示

限時動態上傳前先儲存到行動裝置

於限時動態編輯畫面,畫面上方點選 🔳 \ ⬇,可以將編輯好的限時動態 (相片或影片) 儲存到行動裝置相簿。

TIPS 135 將限時動態分享到貼文

限時動態的內容可以直接轉成貼文再次分享，加強推廣該則訊息，吸引更多粉絲駐足瀏覽。

開啟已上傳的限時動態，點選 ⚫⚫⚫ (或 ⚫⚫) **更多 \ 以貼文形式分享**，接著縮放顯示相片比例及套用合適濾鏡與編輯後，點選 **下一步**，再依照貼文的步驟。

TIPS 136 將限時動態分享給被追蹤的顧客

限時動態可以指定分享給目前你有追蹤的顧客，並傳送到訊息聊天室中，讓他們不會漏接這則限時動態訊息。

開啟已上傳的限時動態，點選 ⚫⚫⚫ (或 ⚫⚫) **更多 \ 傳送給**，核選要分享的顧客名單與輸入訊息內容後，點選 **傳送** 鈕。

將顧客的貼文分享到我的限時動態

TIPS 137

顧客貼出產品開箱文或是到店消費的貼文，經過顧客同意後，轉貼到店家限時動態，可以豐富貼文內容。

step 01 於 ⌂ 畫面，顧客的貼文下方點選 ▽ \ ⊕ **新增到限時動態** (或 **將貼文新增到限時動態**)。

step 02 上傳到限時動態前 (下方會顯示原貼文的用戶名稱與連結)，可以點選相片改變樣式 (只有二款)，或用手指縮放調整大小、旋轉角度，還可以加入其他特效，完成後再點選 **限時動態**，開始上傳。

小提示

關閉其他人將你的貼文轉貼到限時動態的權限

首先於帳號畫面點選 ☰ \ ⚙ **設定和隱私**，再點選 **帳號隱私設定**，確認帳號隱私狀態為公開或不公開。(商業帳號皆為公開)

若為不公開帳號，他人就無法轉貼貼文到限時動態；若為公開帳號，但不想讓他人轉貼，可於 ⚙ **設定和隱私** \ ↻ **分享和混搭**，於 **允許分享貼文到限時動態** 右側點選 ⬤ 呈 ◯ 狀關閉此功能。

"典藏" 與 "精選" 限時動態

典藏 可以儲存限時動態，讓你隨時回顧發表過的動態，再透過 **精選** 分類整理典藏的內容。

典藏限時動態

基於 24 小時後隨即消失的特性，如果希望將上傳過的限時動態完整保留，可以開啟 **典藏** 功能自動儲存上傳的限時動態，省去手動儲存的麻煩，也能重新上傳或轉貼。

step 01 於帳號畫面點選 ☰，再點選 ⏱ **典藏 \ 限時動態典藏**，即可瀏覽儲存的限時動態，所有曾經發佈的限時動態均會儲存於此處。

step 02 如果希望開啟限時動態上傳時自動儲存的設定，可以點選 ⋯ (或 ⋮) \ **設定**，確認 **將限時動態儲存到典藏** 呈 ⬤ 狀。

精選限時動態

加入典藏的限時動態只有店家自己看得到,進一步挑選到個人檔案的精選動態中呈現,顧客才能再次瀏覽保留下來的限時動態。

step 01 於帳號畫面點選 ＋,再點選一個或多個要加入此精選項目中的典藏內容,點選 **下一步**,接著點選 **編輯封面**。

step 02 從現有的限時動態相片選擇或點選 🖼 從行動裝置選擇相片後,拖曳調整大小與位置,點選 **完成**。接著輸入精選動態的名稱,再點選 **新增** (或 **完成**),即可看到新建立的精選動態。

小提示

另一種新增精選動態的方式

開啟已上傳的限時動態,點選 🖤 精選 \ ＋ 也可以新增至指定精選動態。(如果顯示 💟 代表已加入精選動態)

TIPS 139 分享或刪除典藏限時動態

典藏的限時動態，可以重新上傳、傳送或轉貼到一般貼文裡分享，想要刪除也沒問題！

step 01 於帳號畫面點選 ☰，點選 ⟲ **典藏 ∖ 限時動態典藏**，再點選一個想要分享或刪除的限時動態。

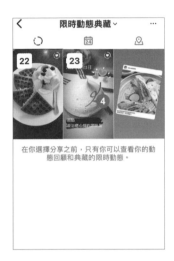

在你選擇分享之前，只有你可以查看你的動態回顧和典藏的限時動態。

step 02 點選 ⚫⚫⚫ (或 ⋮) **更多**，可選擇 **以貼文形式分享**、**傳送給** 或 **轉貼典藏的限時動態**，再依畫面操作；或直接點選 **刪除**，刪除典藏限時動態。

編輯或刪除精選限時動態

TIPS 140

精選動態的封面、名稱可以修改,還可以移除或新增其他典藏的內容,不需要的精選動態也能直接刪除。

step 01
於帳號畫面長按要編輯或刪除的精選動態,會出現編輯清單。

step 02
如果點選 **刪除精選** 會將該則精選動態從精選動態列移除。

step 03
如果點選 **編輯精選**,除了可以重新 **編輯封面** 與 **名稱** (或 **標題**),還可以透過 **限時動態** 標籤新增更多限時動態至該則精選中 (呈 ✓ 狀即保留,會出現在 **已選擇** 標籤;呈 ◯ 狀即移除),最後再點選 **完成**。

舉辦活動提升客群回流率

TIPS 141

"互動" 是社群行銷的重點，舉辦有獎活動連絡店家與用戶間的感情，也能養成用戶習慣性的關注店家貼文。

加入 # 與 @ 吸引顧客與更多用戶

新產品上市、特別節日前...等，都是店家舉辦活動的好時機，只要用戶看到貼文時追蹤店家、幫貼文按讚、標註 (@) 朋友，就可以進行活動抽獎。對店家來說，成本低又可以開發潛在用戶獲得更多顧客；對用戶來說可以獲得店家用心準備的獎品，這樣雙贏的策略可以多多舉辦。

貼文中，依活動主題加入幾個較多人關注的 hashtag (#)，只要用戶追蹤該 hashtag (#)，你的活動貼文就有機會被看到，也可以提升活動貼文的曝光度。活動結束後別忘了公佈抽獎結果，讓粉絲更期待下次的活動。

倒數貼圖提醒活動時限

限時、限量是刺激購買的飢餓行銷手法，在 Instagram 限時動態中加入倒數貼圖，是一種讓顧客覺得時間有限要趕快參與活動的心理戰術。

step 01 點選 ➕ \ **限時動態**，選擇原有的或立即拍下一張合適的相片，再點選 😊 \ **倒數**。

step 02 點選 ⬤ 可以變更不同背景顏色，點選 **倒數主題** 輸入活動標題文字。(畫面下方有小字提醒，若你設定為商業帳號，即為公開帳號，用戶可開啟提醒並分享這個限時動態。)

step 03 點選日期，於下方日期卷軸指定結束日期 (如果要設定時間，只要關閉下方的 **全天** 就會出現時間選項)，最後點選 **完成**。

step 04 於限時動態畫面產生倒數貼圖後，可以拖曳倒數貼圖至畫面合適的位置擺放，再上傳至限時動態。

─ 小提示 ─

開啟提醒知道活動結束！

顧客點選店家限時動態上的倒數貼圖，可以直接分享到自己的限時動態或開啟提醒，當時間到時發送通知！

限時動態 24 小時自動消失，倒數還沒結束該怎麼辦？

目前 Instagram 分享到限時動態的相片和影片會在 24 小時後消失，但倒數貼圖上的時間還沒結束，需重新再新增一個嗎？是的，要再次建立但 Instagram 會保留原倒數貼圖上的倒數設定並持續倒數中。

如果要建立一個還沒結束倒數的倒數貼圖，進入限時動態編輯畫面，再點選

🙂 \ **倒數**，這時會看到還沒結束倒數的倒數貼圖出現在畫面中，點選該倒數貼圖，即會產生在目前要建立的限時動態畫面。

如果要建立新的倒數，直接點選**建立倒數** 鈕 (或**建立新倒數** 鈕)。

將活動貼文分享到限時動態

活動貼文也可以分享至限時動態，讓習慣瀏覽限時動態的用戶也能看到這個訊息，還可以直接點選該限時動態切換至活動貼文。

step 01 於要分享的貼文下方點選 ▽，指定要上傳至你的限時動態。

step 02 上傳前，可以點一下相片改變顯示的樣式、變更大小、旋轉畫面、新增貼圖、文字或加入前面提到的倒數貼圖，再上傳至限時動態。

後續顧客於限時動態瀏覽時，若點選貼文相片，再點選 **查看貼文**，可進入該則活動貼文。

問答式行銷的限時動態

TIPS 142

善用限時動態的互動功能吸引顧客的注意力，是你一定要掌握的行銷方式！

票選活動貼圖

在限時動態中以活動問答與顧客互動，從回覆選項了解目標客群的想法

step 01　進入限時動態編輯畫面中，點選 ⬚ \ **票選活動**，輸入票選活動問題，再輸入二個答案，最後點選 **完成** 並上傳至限時動態。

step 02　活動過程，用戶可參與投票並看到即時結果。店家瀏覽票選活動時可向上滑動，點選 ⬚ 查看各選項的得票數，以及每位投票者狀況。

表情符號滑桿貼圖

寫下你的問題，用戶可以滑動你所指定的表情符號回覆問題。

step 01 進入限時動態編輯畫面中，點選 😊 \ **表情符號滑桿**，點選上方 ⚫ 可以變更不同顏色背景，再輸入活動問題與指定表情符號，最後點選 **完成**，並上傳至限時動態。

step 02 活動過程，用戶能拖曳滑桿回覆問題，而店家瀏覽活動時可向上滑動，查看大家對這個活動的參與程度。

提問貼圖

可以提出與產品相關的問題，或隨意聊聊生活大小事、時事相關題材...等，利用話題邀請顧客互動，合適的問題還可以回覆、分享在限時動態，讓顧客有被重視的感覺。

step 01　進入限時動態編輯畫面中，點選 😊 \ **問答**，輸入活動問題，最後點選 **完成** 並上傳至限時動態。

活動過程，用戶可以點選限時動態中的貼圖，然後輸入回覆或其他問題，再點選 **傳送**。

step 02 活動過程，店家瀏覽時可向上滑動，查看大家對這個問題的回答，如果有需要回覆，可以點選該問題下方的 **Reply** (或 **回覆**) \ **分享回覆**，輸入回覆文字或加上貼圖後，上傳至 **限時動態** 或只傳送給該名顧客。

小提示

限時動態 24 小時後，相關活動數據哪裡找？

限時動態上傳時預設會儲存到 **典藏** 中。於帳號畫面點選 ☰，點選 ↺ **典藏 \ 限時動態典藏** 進入畫面，可回顧之前的限時動態，無論是要重新上傳至限時動態、轉貼到貼文、瀏覽活動結果與回覆問題都可以！

FB

IG

LINE

Part
09

跨社群打造商業品牌集客力 -
Reels、直播、FB 與數據洞察

利用 Facebook 強大的社群資源，整合與 Instagram 之間的網
路行銷渠道，透過跨社群的分享方式，多元化曝光店家與產品
提升整體知名度。

Reels 連續短片規格限制

Reels 是 Instagram 的一個短片創作和分享功能，以直式全螢幕影片呈現，為用戶提供一個表達、展示和與社群互動的全新方式。

■ **影片長度**：連續短片長度最多為 90 秒，可透過一個或多個片段建立。

■ **影片檔案類型與大小**：影片建議使用 MP4 或 MOV 格式 (不支援透明背景)，此外影片檔案上限為 4 GB。

■ **影片解析度**：

- 影片建議為直向 9:16，若是橫向 16:9 或等邊 1:1，Instagram 會自動將影片裁切為 9:16，使影片內容無法完整呈現 。

- 影片影格速率至少為 30 FPS，解析度則至少為 720 像素。

■ **影片內容**：Instagram 會移除違反社群守則的影片，如果你發現有疑似違反守則規定的影片內容，也可以進行檢舉。

建立與編輯 Reels 連續短片

在 Instagram 可一次完成拍攝、音樂套用、剪輯、濾鏡與特效...等功能，輕鬆完成長度 90 秒內、畫面比例 9:16 的 Reels 創意短片。

直接拍攝或從相簿上傳

step 01　點選 ⊕ \ **連續短片** (或 **Reels**)，若是直接拍攝，可先點選要對焦的位置，接著點按 ◯ 開始錄影，過程中可點按 ◻ 暫停或結束，若再次點按 ◻ 則繼續錄製下一個片段。

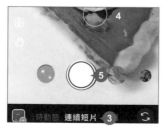

step 02 若想編輯原有影片或照片，可以點選左下角相簿，點選 ，依序選擇合適相片或影片，再點選 → (或 **下一步**)。(後續操作會以相簿方式進行)

小提示

Reels 連續短片創意工具

Reels 連續短片有更多玩法，透過畫面左側創意工具，可以加入 🎵 **音樂**、✨ **特效** (畫面下方左右滑動也可快速套用)、控制影片 ⑮ **長度** 或播放 1× **速度**、利用 ⊞ **版面** 混合多段影片...等，讓 90 秒的影片也可以完整表現自己風格。

選擇音樂

step 01 **建議音訊** 畫面先點選 **略過** 或 →，接著在預覽畫面點選 🎵 進入音樂庫，裡面整理了 **為你推薦、流行、嘻哈**...等分類與音樂清單，可以點選 ▶ 試聽，或利用上方搜尋列輸入名稱關鍵字尋找，確定播放的音樂後直接點選。

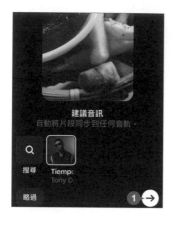

小提示

音訊工具

Instagram 音樂庫的搜尋列下方，提供 ⚙ **控制項**、🎙 **強化**、🎤 **配音**、🔖 **我的珍藏**、→ **匯入** 與 🔊 **音效** 工具，左右滑動可瀏覽與點選設定：

- ⚙ **控制項**：可針對 **相機音訊** 與 **音樂** 調整音量大小；點選 **編輯**，則可套用 **氛圍**、**巨人**...等特殊音效，或編輯與移除曲目。
- 🎙 **強化**：提高相機音訊的音量，以套用音訊強化效果。
- 🎤 **配音**：拖曳滑桿至欲配音的位置後，點按或按住 ⬛ 可為影片錄製；若點選 ⊗ 可從最後錄製的配音片段，依序移除。
- 🔖 **我的珍藏**：📷 Reels 頻道中，喜歡某個影片的音樂想要收藏時，可先點選音樂進入 **音訊** 畫面，再點選右上角 🔖，即可收藏至此，方便套用。
- → **匯入**：可從相簿中的任何影片匯入音訊，影片長度至少 5 秒。
- 🔊 **音效**：拖曳播放點至欲放置的音效位置後，可點選套用 **空氣喇叭**、**蟋蟀**、**邪笑**、**掌聲**...等音效；若點選 ↩ 可從最後套用的音效，依序移除。

step 02 畫面下方會看到時間軸與控制框,時間軸上的紅點,是該首音樂精彩又有辨識度的段落;白色線條則是播放的音樂段落,主要根據拖曳下方控制框而調整,確定好播放段落後,點選 **完成**。(控制框變色時表示在音樂最精彩的段落)

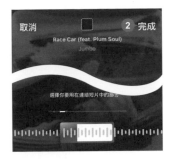

─ 小提示 ─

關於音樂版權

Instrange 音樂庫均是經過受權的音樂或音訊,可以在 Reels 和限時動態中安心使用。使用時需確保遵守版權相關規範,因為任何的不當變更都可能導致音軌遭到靜音。

套用特效、貼圖與文字

利用預覽畫面上方 ✨、
☺、Aa,為連續短片套
用特效,並加上貼圖與
文字。

欲儲存影片可點選 ⬇,
但音訊會遭到移除。

編輯影片

step 01　完成相片、影片、音樂、濾鏡的佈置後，如果想針對影片、音樂或素材...等細部調整時，可點選 **編輯影片**。

畫面上方可以預覽影片內容，下方則包含時間軸、音軌與各式元素，時間軸可透過手指捏合縮放顯示比例。

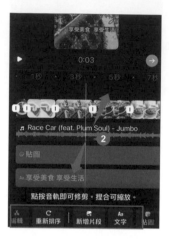

step 02　**調整影片起迄時間與分段**：確認時間軸位置，點選 ✂ 選取影片片段，拖曳左右二側的開始與結束時間點可以調整起迄時間；點選 ⑪ 可以將影片分割；若要刪除直接點選 🗑。(欲返回編輯畫面可點選 ‹)

step 03　**編輯音樂**：點選音軌，可針對音樂播放區段調整或更換音樂，若想移除則是點選 🗑。

利用  調整區段，可以將音訊左右滑動到想要的影片區段，再點選 完成；如果想要變更音樂，可以點選 🎵 更換，透過音樂庫、我的珍藏 或匯入 相簿中的影片音訊方式，重新選擇音樂。

▲ 調整區段　　　　　　　　　▲ 更換

step 04 編輯貼圖、文字：點選貼圖或文字，除了可以拖曳左右二側的開始與結束時間點調整起迄時間；點選 ✏️ 可以編輯選取元素。

step 05 移動影片前後順序：點選 📄，於要移動的片段上點住不放，往左或右拖曳至合適位置後放開；若要移除片段則點選 ➖，最後點選 完成。

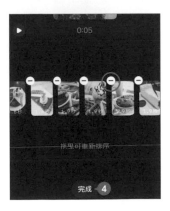

step 06　**新增片段**：點選  可透過相機或相簿新增片段，調整時間長度後點選 **選擇** (或 **新增**)，會增加到影片最後方，因應影片長度，再調整下方元素的結束時間點，最後點選 →。

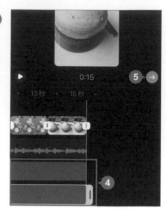

編輯封面與分享

step 01　**指定封面**：點選 **編輯封面**，可左右滑動點選影片中某一畫面，或點選 **從相機膠卷新增** (從你的裝置新增) 指定相片 (建議大小為 420 x 654 像素或長寬比為 1:1.55)，點選 **完成**。

step 02　**新增說明文字與分享**：最後輸入影片說明文字，點選 **分享** 即完成影片上傳，於帳號畫面點選  就會顯示新增的 Reels 連續短片。(點選 **儲存草稿** 可先暫存影片；若點選 **編輯** 可返回預覽與編輯。)

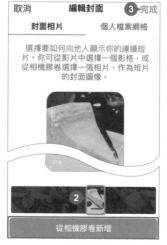

將 Reels 連續短片分享到 FB 粉絲專頁

TIPS 145

若你目前使用的 IG 帳號是某個 Facebook 粉絲專頁管理員,可將 Reels 連續短片分享過去,增加曝光度。

完成 Reels 連續短片的封面選擇與輸入說明文字後,點選 **分享到 Facebook** (或 **同時分享到動態消息**) 進入,在指定連結的 Facebook 粉絲專頁右側點選 ◯● 呈 ◯ 狀,再點選要針對所有或這段連續短片啟用,最後點選 〈 與 **分享**,影片就會發佈至 Reels 與指定的 Facebook 粉絲專頁。

將 Reels 連續短片分享到 IG 限時動態

TIPS 146

Reels 連續短片除了以貼文分享連結以外,也可以再分享到限時動態,讓習慣看限時動態的顧客也不會錯過。

開啟想要分享到限時動態的 Reels 連續短片。

點選 ▽ \ **新增到限時動態** (或 **新增影片到限時動態**),準備好分享影片後,點選左下角的 **限時動態** 即完成分享。

開始直播與直播視訊重播

TIPS **147**

直播視訊可與顧客即時交流,直播結束後,除非你有分享,否則將無法再觀看直播內容。

step 01 點選 ➕ \ **直播** 進入直播畫面,點選畫面下方 🔄 可切換前、後鏡頭,滑動點選 (•) 右側圖示可套用濾鏡,點選 (•) 即開始直播。直播時,畫面上方會顯示觀眾人數,下方則會顯示留言。

step 02 若要結束直播,點選畫面上方 ✖,再點選 **立即結束** (或 **結束直播**)。

step 03 最後點選 **分享**,利用貼文方式將直播影片分享到個人檔案和動態消息,供用戶重播觀賞;(若點選 **捨棄影片 \ 捨棄** 則無法再看到此次直播影片)。

於帳號畫面點選 📺 會顯示新增的直播視訊;也可以於帳號畫面點選 ☰,再點選 **典藏 \ 典藏的直播** (或 **封存的直播**),所有曾經發佈的直播影片均會儲存於此處。

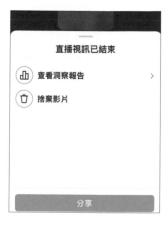

增加直播標題

TIPS 148

直播前先設定直播標題,可以讓觀眾進入直播時就可以明確的知道此次直播主題。

直播視訊前,點選畫面左側 **目 標題**,輸入標題文字後點選 **新增標題**,這樣進入直播後,觀看者在直播畫面的左上角就可看到此次標題。

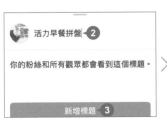

與朋友一起直播

TIPS 149

Instagram 可以邀請一位朋友與你一起直播,直播畫面會切割成上下畫面,同時出現你與朋友的直播內容。

於開始直播的畫面點選 ➕,搜尋欲一起直播的朋友,或直接點選正在觀看中的朋友帳號,然後點選朋友帳號旁的 **邀請**,邀請他加入你的直播 (只可以邀請追蹤你的朋友)。

如果朋友接受了你的邀請,會看見朋友的畫面出現在分割畫面中 (如果拒絕邀請,你也會看見通知)。

TIPS 150 將舊貼文分享到 FB 個人 (或) 粉絲專頁

前面有提到 Instagram 在貼文的同時也能分享到 Facebook，但若想分享舊貼文到 Facebook，則需使用以下方式。

分享到 Facbeook 個人：於帳號畫面點選想要分享的貼文，貼文下方點選 ▽ \ **Facebook**，輸入貼文內容和確認分享對象後，點選 **發佈**。

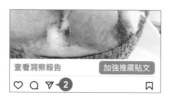

小提示

將舊貼文分享到其他社群平台

貼文下方點選 ▽，除了 **Facebook** 外，還可以將貼文分享至 **Messenge**、**WhatsApp**、**Snapchat**、**Twitter**...等社群平台。

分享到 Facebook 粉絲專頁：點選貼文右上角 ⋯ (或 ⋮)，再點選 **發佈到其他應用程式**，於 **分享到 ****** (粉絲專頁名稱) 右側點選 ◯ 呈 ● 狀後，點選 **分享** (或 ✓)。

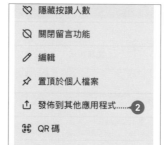

IG 內容自動分享至 FB 粉絲專頁

TIPS 151

Instagram 可以連結 Facebook 社群平台，將 Instagram 發佈的貼文、限時態與 Reels 連續短片，也同時分享在 Facebook 粉絲專頁。

step 01 於帳號畫面點選 ☰ \ ⚙ **設定和隱私** \ ♻ **分享和混搭**。

step 02 再點選 **查看應用程式** \ **Facebook** (已連結粉絲專頁)，於 **自動分享** \ 你的 **Instagram 限時動態**、你的 **Instagram 貼文** 與 你的 **Instagram 連續短片** 右側點選 ◯ 呈 ● 狀後，點選 ❮ 和 ✕ 返回。

step 03
當下次點選 ➕，建立 **貼文**、**限時動態** 或 **連續短片**，到最後發佈時，會自動設定分享至 Facebook 指定粉絲專頁。

─── 小提示 ───

粉絲專頁尚未連結或建立

設定自動分享時，如果粉絲專頁尚未連結或建立時，當點選 **分享到其他應用程式 \ Facebook**，會告知需要連結或建立粉絲專頁，此時點選 **繼續**，再點選想要連結的粉絲專頁與 **完成** (若尚未建立，則點選 **建立新的 Facebook 粉絲專頁**)。

關閉 FB 粉絲專頁自動分享

TIPS 152

若不想每篇貼文、限時動態或連續短片都自動分享到粉絲專頁，記得每次發佈前先檢查，如果不需要同步就要在分享前取消。

關閉單次或所有 Facebook 貼文分享

■ **單次關閉**：如果有些貼文不想同步，可以在分享貼文前，於該平台點選 ⬤⃝ 呈 ⬯ 狀即可取消同步分享。

■ **全部關閉**：所有貼文如果不想自動分享到粉絲專頁時，於帳號畫面點選 ☰ \ ⚙ **設定和隱私** \ ↻ **分享和混搭** \ **查看應用程式** \ **Facebook** (已連結粉絲專頁)，於 **自動分享** \ **你的 Instagram 貼文** 右側點選 ⬤ 呈 ⬯ 狀即可關閉自動分享。

關閉單次或所有的 Facebook 限時動態分享

step 01 進入限時動態編輯畫面，點選 → \ 限時動態 下方文字。

step 02 若點選 **關閉 Facebook 限時動態分享** 會永遠關閉分享至 Facebook 的功能；若點選 **關閉一次** 則是這一次不分享至 Facebook，最後再點選 **分享** 與 **完成**。

關閉單次或所有的 Facebook 連續短片分享

step 01　進入連續短片分享畫面，點選 **分享到 Facebook** 進入，在指定連結的 Facebook 粉絲專頁右側點選 ⬤ 呈 ◯ 狀。

step 02　若點選 **針對所有連續短片關閉** 會永遠關閉分享至 Facebook 的功能；若點選 **針對這則連續短片關閉** 則是這一次不分享至 Facebook，最後再點選 ＜ 與 **分享**。

─ 小提示 ─

取消與 Facebook 粉絲專頁的連結

要完全取消 Instagram 帳號與 Facebook 粉絲專頁的連結 (Instagram 貼文、限時動態或連續短片將無法同步至 Facebook 粉絲專頁)，或換成其他 Facebook 粉絲專頁，可於帳號畫面點選 **編輯個人檔案** 鈕 ＼ **粉絲專頁**，點選 **取消連結粉絲專頁** (或 **取消連結 Facebook 粉絲專頁**) 或 **變更或建立粉絲專頁** 執行操作。

TIPS 153 掌握洞察報告大數據，推動商機

Instagram 洞察報告包含商業帳號的動態、貼文及受眾有關的衡量指標，可以利用這些數據觸及目標客群帶動實際效益。

關於 Instagram 洞察報告

轉換為商業帳號後，即可擁有 **洞察報告** 這項免費服務。從切換至商業帳號開始累積數據，洞察報告畫面提供多種與用戶互動的相關數據，剛開始資訊量尚嫌不足，約一個月後累積了足夠的數據就會分析的更精準。

■ 設計貼文內容或線上活動

洞察報告 針對貼文、限時動態與連續短片，能依其互動次數、分享次數、按讚次數、留言數量...等數據排序並查看，了解哪些貼文表現得特別好，之後設計貼文內容或線上活動時，透過分析數據了解粉絲喜好與屬性，調整店家定位方向，才能針對廣告受眾投入精準行銷！

■ 鎖定目標客群

洞察報告 提供粉絲性別、年齡、地點、最活躍的時間...等資訊，對後續行銷來說特別有幫助，可以推測哪些時段發文有比較好的參與率。此外，跨國品牌的社群操作也需考量主要粉絲所在國別與時區，規劃出最好的行銷方案。

查看 Instagram 洞察報告

洞察報告只會分析轉換為商業帳號後所上傳的貼文限時動態與連續短片：

step 01 於帳號畫面點選 **專業主控板**。

於 **帳號洞察報告** 項目點選 **查看全部**，會看到 **總覽** 與 **你分享的內容** 二個區塊，可存取並顯示過去 7 天、14 天、30 天、上個月或 90 天期間，帳號的成效摘要；點選細項指標，則可以瀏覽更多詳細資料。

step
02

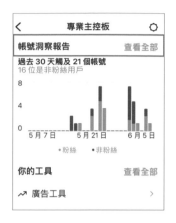

- **已觸及的帳號數量**：在指定期間內，看過你的貼文 (包含貼文、限時動態、影片、Reels 連續短片和直播) 至少一次的不重複帳號數估計值。

  所觸及的帳號數量，區分為 **粉絲人數** 和 **非粉絲人數**，並藉由不同內容類型，如：**貼文**、**連續短片**、**限時動態**...等，協助掌握觸及受眾的內容類型，與哪些特定內容瀏覽次數多、成效最佳。

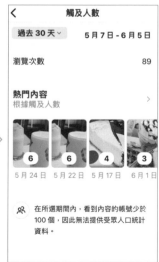

- **互動的帳號數量**：在指定期間內，與內容有過互動，如：點讚、留言、珍藏、分享...等帳號數。在 **內容互動次數** 中，會顯示貼文、限時動態、連續短片...等互動情形，包含互動總數、按讚或留言數量，另有依互動次數高到低的熱門排序，藉此有效掌握。

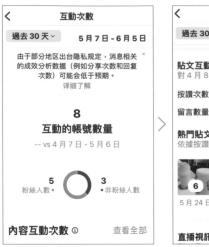
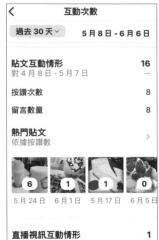

- **粉絲總數**：可查看粉絲相關資訊，例如：分佈地點、年齡範圍和性別、活躍時段...等資料 (至少需擁有 100 位粉絲才能查看此資料)。如果數據顯示你的粉絲偏重於男性、35-44 歲，就可以依這個目標客群的需求設計合適的文案主題與活動推廣。

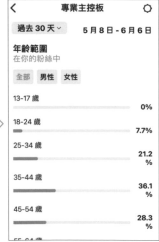

查看每則內容的洞察報告

step 01 點選 **專業主控板**，於 **帳號洞察報告** 項目先點選 **查看全部**，再於 **你分享的內容** 項目點選 **查看全部**。

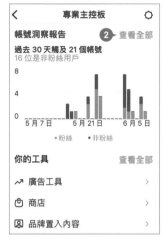

step 02 此時會顯示所有分享的內容，接著透過左上角的 **內容類型**、**選擇時間範圍** 與 **排序和篩選**，指定欲查看的類型、範圍、排序依據和衡量指標。

step 03 　點選想要查看數據的內容 (此處以 **貼文** 類型為說明)，會出現點讚、留言、分享與儲存到珍藏的數量，由下往上滑會看到詳細說明畫面。

小提示

無法查看切換 "商業帳號" 前的洞察報告？

請注意！商業帳號可以隨時切換為個人帳號，但每次切換回個人帳號後，Instagram 洞察報告的資料便會遭到刪除。

快速查看每則內容的洞察報告

於帳號畫面點選任一欲查看洞察報告的內容，點選 **查看洞察報告**，即可進入該則內容的洞察報告詳細畫面。

刊登廣告行銷產品與活動

TIPS 154

廣告能幫助品牌觸及到潛在的用戶以及推廣產品與服務，IG 商業帳號可以針對貼文與限時動態刊登廣告並結合行動呼籲按鈕，例如：查看更多、了解詳情、來去逛逛...等引導用戶瀏覽相關畫面。

建立廣告與行動呼籲按鈕

step 01 於帳號畫面點選 **專業主控板 \ 廣告工具 \ 選擇貼文**。

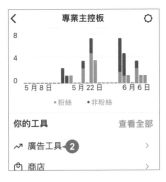

step 02 清單中點選要推廣的貼文，點選 **下一步**。

step 03 透過目標的選擇，指引用戶，達到觸及新用戶與增加追蹤數的目的：

- **更多商業檔案瀏覽次數**：希望新用戶可以認識與瀏覽你的更多商品、品牌...等內容，進而追蹤你，可以點選此目標。

- **更多網站瀏覽次數**：希望用戶可以瀏覽網路商店，深入瞭解活動詳情...等，可以點選此目標，挑選合適的行動呼籲按鈕，如 **瞭解詳情** 或 **來去逛逛**。

- **更多訊息**：促使用戶發送訊息，推廣活動的行動呼籲將會是 **發送訊息**。

依以上說明點選合適的目的 (部分項目可以再細部設定)，在此想指引廣告受眾瀏覽官網，因此點選 **更多網站瀏覽次數**，接著點選 **網站**，輸入指定畫面網址，行動呼籲按鈕點選 **觀看更多**，最後點選 **完成、下一步** 鈕 (或 ✓、**繼續**)。

step 04 **設定你的廣告受眾**：被指定的廣告受眾即可以看到推廣貼文，建議依想觸及的目標受眾手動建立，點選 **自動** 則是由 Instagram 自動選擇目標受眾。

在此點選 **建立自訂廣告受眾** 指定受眾 (指定的條件在以後推廣其他廣告貼文時也能選用)，接著輸入自訂廣告受眾的名稱、地點、興趣、年齡和性別，再點選 **完成、下一步** 鈕 (或 ✓、**繼續**)。

規劃 **預算和時間長度**：可依預算決定要投注多少金額以及刊登天數，同時還能預估觸及的人數，因此可以測試多種不同組合，找到最符合預算及效益的方式，再點選 **下一步** (或 **繼續**)。

step 05

確認廣告內容及付款資訊無誤，點選 **加強推廣貼文** 鈕，接著點選 **接受** 鈕無歧視政策，再點選一次 **加強推廣貼文** 鈕。

step 06

之後會跳出一個廣告已送交審查的訊息，點選 **確定**，等待審核批准通過，即能看到標註 "目前已加強推廣" 的推廣貼文。

掌握每則廣告成效

廣告進行一段時間之後，就能於洞察報告看到每則廣告的成效。

step 01 於帳號畫面點選 **專業主控版 \ 廣告工具**，畫面下方會有目前正推廣的活動；點選 **之前的廣告**，會有 **已完成** (或 **已結束**) 活動的列表，點選各項目下方 **查看洞察報告**，即可瀏覽該則廣告成效數據。

step 02 可看到該則廣告於推廣期間產生的互動次數、曝光次數…等項目，讓你掌握這次活動的廣告受眾屬性，也可成為下次活動的評估參考值。

小提示

暫停推廣活動

想要暫時停止正在進行的推廣活動，可以於帳號畫面點選 **專業主控版 \ 廣告工具**，在 **管理** 下方該則廣告右上角點選 **編輯**，再點選 **暫停廣告 \ 暫停**；暫停後想要繼續，只要在該則廣告右上角點選 **恢復刊登**。

推廣限時動態

開啟要推廣的限時動態，點選 **加強推廣**，再依序完成設定。

FB

IG

LINE

LINE 帳號商機新玩法 -
群組、社群通通來

每個人每天生活、工作幾乎都離不開 LINE，所以許多電商或
多媒體業者會透過 LINE 接觸廣大的行動用戶，並以熟悉的聊
天方式經營店家，維繫與顧客良好的互動關係。

TIPS 155 LINE 讓你與顧客更靠近

你每天使用 LINE 的頻率有多高？隨著市場滲透率、黏著度持續提升，已然成為行動裝置中必備的社群 App。

Line 真的太好用了！

LINE 簡單又好用，除了可以傳送文字、相片，還可以當做免費電話使用。不只生活上的應用，許多企業或店家也會將 LINE 的群組、社群或官方帳號...等功能應用在商業上，至於如何將這些功能發揮到行銷層面與顧客管理，可以透過之後的章節一一了解！(目前 LINE 只能使用手機註冊帳號，後續將使用手機畫面說明 **群組、社群** 操作功能。)

註冊帳號

開始使用 LINE 之前，先註冊自己的帳號，只要有一組電話號碼就可以開始註冊！下載 LINE App，安裝完成後，點選 開啟。

step 01 於登入畫面點選 **註冊新帳號** 鈕，輸入電話號碼點選 →，並接收簡訊認證碼，完成認證後點選 **註冊新帳號**。

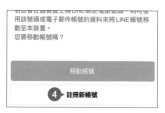

step 02 為自己取個名稱點選 →，設定一組密碼 (需輸入二次驗證)，再點選 →，繼續完成加入好友的設定，最後確認是否允許 LINE 取用聯絡人資訊，以及優化服務資訊、位置資訊...等相關設定，完成註冊動作。

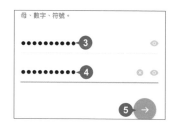

更換大頭貼與封面相片

step 01　於畫面點選 🏠 **主頁**，再於上方點選 ⚙ \ **個人檔案**，點選大頭貼圖示 (或相機圖示)，選擇合適的方式插入相片 (此範例點選 **選擇照片或影片**)。

step 02　於相簿中點選合適的相片，調整至合適的大小與位置後，點選 **下一步**，再點選 **完成**，完成大頭貼的設置。

step 03　最後點選封面右下角相機圖示，依相同操作方式完成封面相片的設置。

用 "群組"、"社群" 即時行銷

TIPS 156

使用 LINE **群組** 與 **社群** 聚集顧客，為店家宣傳或是產品優惠通知，既簡單又方便。

LINE 個人帳號也可以建立 **群組** 與 **社群** 優化店家行銷與產品推廣，然而這二種方式均為開放討論性質，任何人在 **群組** 與 **社群** 中都可以發表意見進行討論，為避免引起不必要的爭議，影響品牌觀感，店家必須投入人力與時間管理。

以下分享 LINE 集合顧客經營、導流導購的行銷方式，讓你能以熟悉的聊天方式與顧客維繫關係，從實用生活資訊、優惠好康到貼心服務，讓品牌融入顧客生活！

將顧客聚集起來

- **興趣相同的族群**：以本書中使用到的咖啡館範例為例，可以建立一個分享咖啡品嚐心得、蛋糕製作技巧的社群；或是服飾店社群介紹如何穿搭、賣場社群可以推薦一些生活小用品…等。

- **特殊專業分享**：外語學習、露營、3C 產品、健身活動、重機同好會…等，透過專業的介紹或是開箱，顯現出個人的專長，成為其他人追隨的對象，培養出屬於你個人的粉絲，也是一種拓展人脈與交友的好方式。

提高顧客黏著度

利用 LINE **群組** 和 **社群** 聚集顧客並販售產品，就算沒有實體店面，也能讓你的業績不斷成長，但是在操作行銷時需注意：

- 將顧客當成朋友對待，而非單純只是產品買賣、廣告推銷的角度，才不會讓已加入的顧客群感到厭惡並退出。

- 逢年過節或特殊節日時，祝賀的同時順便推薦應景產品，或是辦個優惠活動，不僅能加強品牌形象，也能獲得買氣。

- 相片的宣傳效果遠比文字更吸引人注意，影片的效果又比相片更吸睛，所以善用精美、搶眼的產品照，後製的工作不可少。

顧客回流的關鍵

LINE 的即時與便利特點，不僅可方便管理顧客名單，透過好友揪好友的特性，更能讓你的顧客群源源不絕，但經營時要記住以下三個重要的策略：

- **留住顧客**：透過優惠好康...等誘因留住顧客。

- **黏住顧客**：對於顧客問題能馬上回應，以親切的服務培養與顧客之間信任和友好的關係。

- **顧客回購**：利用吸引人的 VIP 顧客優惠，可以有效提升回購率。

建立群組並邀請顧客加入

TIPS **157**

建立一個店家群組,並將你的顧客們加入此群組中,未來只要有新產品上架或優惠專案時,可以立即以訊息通知。

step 01 於畫面點選 🏠 **主頁**,再點選 👤 \ **建立群組** \ **建立群組**。

step 02 於好友清單中點選要加入群組的顧客名單,完成後於右上角點選 **下一步**,接著輸入群組名稱並設定合適的群組圖片,完成後點選 **建立**,就會直接進入群組聊天室。

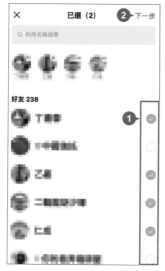

更換群組名稱

TIPS 158

完成群組建立，之後仍可以修改群組名稱，以便日後管理不同屬性群組顧客時一目瞭然。

step 01 於畫面點選 ⌂ **主頁**，點選 **群組** \ 欲變更名稱的群組，於首頁右上角點選 ⚙。

step 02 點選 **群組名稱**，輸入新的群組名稱，點選 **儲存** 鈕完成群組名稱更換，會自動回到群組首頁 (或 ⟨)。

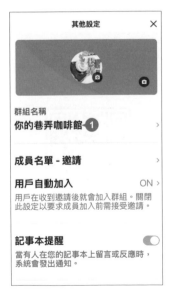

邀請更多顧客加入群組

除了一開始建立群組時可邀請好友加入，之後也可以利用掃描 QR Code 的方式讓更多人加入群組。

再次邀請好友

於畫面點選 🏠 **主頁**，點選 **群組** \ 欲增加顧客的群組，於首頁點選群組人員大頭貼旁的數字，再點選 **邀請好友**，好友清單中點選欲加入的人員，再點選 **邀請**。

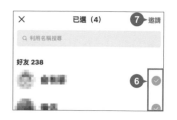

用 QR Code、網址、電子郵件與簡訊

依上方相同操作方式，進入 **選擇好友** 畫面後，即有 **行動條碼**、**邀請網址**、**電子郵件**、**簡訊** 四種邀請方式，其中行動條碼是最多人使用，因為它只要掃描 QR Code 就可以加入群組。

點選 **行動條碼**，會顯示一組 QR Code 條碼，可將它擷圖或存在相簿，除了可在 FB、IG 上分享；還可以印在菜單、明信片或產品包裝...等物件，透過實體印刷品的展示宣傳群組。

刪除群組顧客

TIPS 160

若覺得某些顧客的言行會影響到其他人，可將他退出群組，維護群組內良好的氛圍。

step 01　於畫面點選 ⌂ **主頁**，點選 **群組** \ 欲管理的群組，於首頁點選群組人員大頭貼旁的數字，接著點選 **編輯**。

step 02　在欲刪除的顧客名稱左側點選 ⊖，點選 **刪除 \ 刪除** (或 **刪除 \ 是**) 可以將該顧客退出群組，最後點選 **完成** (或 ⟨)。

▸小提示◂

如何刪除群組？

因為 Line 沒有刪除群組的功能，必須先一個個刪除群組內的成員，最後自己再退出，該群組自然就會消失；但如果群組內人數太多，比較簡單的做法是發個置頂訊息，通知每個人主動離開群組，過一段時間後，再花時間刪除尚未離開的成員。

TIPS 161 群組其他好用的功能

群組除了基本的文字訊息溝通外，還有語音、視訊、相簿...等好用的工具，以下簡單說明幾個常用工具。

語音通話

用文字很難描述時，利用語音通話的方式說明可能會更精準。於畫面點選 💬 **聊天**，接著點選群組名稱進入，於畫面上方點選 📞 \ 📞 **語音通話**，之後接聽通話的人大頭貼縮圖就會顯示在畫面中。

視訊通話

如果顧客在使用產品上發生疑問，利用視訊通話的方式實地操作一次，也是一種貼心的售後服務；一樣進入群組聊天室後，於畫面上方點選 📞 \ 📹 **視訊通話**，再選按 **加入** 鈕 (或 **開視訊加入**、**不開視訊並加入**)。之後接聽通話的人會以分割視訊畫面的方式顯示在畫面當中。

建立活動、記事本、相簿

群組工具除了語音、視訊外，還有 **照片‧影片**、**相簿**、**記事本**...等工具，利用這些工具，可以將產品圖或相關資訊整理分類好；或是建立 **活動** 舉辦產品或優惠宣傳。一樣進入群組聊天室後，於畫面上方點選 ☰ \ 欲使用的工具名稱，再依指示步驟完成操作。

分享檔案或其他相關資訊

於畫面下方點選 ➕ \ 清單中欲分享項目，再依指示步驟完成操作。可分享的項目包括 **檔案**、**聯絡資訊**、**位置資訊**...等，還可以舉辦 **投票** 或 **爬梯子** 活動，藉由這些功能加強與顧客之間情感的連繫。

社群與群組有什麼不一樣？

TIPS 162

更強大的聊天室來了！"社群" 的介面與 "群組" 相似，由於也是開放討論性質，所以 Line 制定了社群守則及 "管理員" 的權限。

社群解決了 "被惡意解散 (翻群)！"、"只有 500 人不太夠用"、"名稱都寫是誰的媽媽，她是誰啊？"、"可不可以有管理員？"...等問題，可參考以下表格了解群組與社群的差異 (此資訊以官方公告為準)：

	LINE 群組	LINE 社群
人數上限	500	5,000
管理員	沒有	有
加入方式	成員邀請	提供三種不同加入方式
加入後可查看舊訊息	不行	可以 (最多可顯示近 6 個月的聊天訊息)
可自訂暱稱和大頭貼	不行	可以
點對點加密	有 (預設為開啟狀態)	沒有
訊息內容限制	訊息加密最高隱私	1.須遵守社群守則 2.可透過人工智慧過濾 3.管理可設定要過濾的關鍵字
文字訊息備份	有	沒有 (可匯出文字聊天記錄)
檔案期限	有	不能傳送檔案
相簿	有	沒有
記事本	有	管理員可決定是否開放權限
置頂公告	有	管理員可決定是否開放權限
訊息收回	有	有 (24小時內)
邀請聊天機器人加入	可以	限定三種自動程式 (垃圾訊息過濾器、翻譯、自動回應)
系統訊息	有	有

建立社群並邀請顧客加入

TIPS 163

目前 **社群** 功能正逐漸開放給每個人使用，如果開啟 LINE 尚未發現可以建立的按鈕時，請等待一段時間再試看看！

使用 **社群** 功能，包括 iOS 與 Android 用戶，需更新 LINE 至 10.8.0 (含) 以上，或直接更新到最新版本。

建立社群

step 01

方法一：於畫面點選 ⌂ **主頁**，點選 **群組 \ 社群**，於社群首頁下方點選 ⊕，初次建立需再點選 **同意** 鈕。

方法二：於畫面點選 ⊙ **聊天**，上方點選 ⊓ (或 ⊙ \ ⊓)，於社群首頁下方點選 ⊕，初次建立需再點選 **同意** 鈕。

step 02　設定背景並輸入社群名稱及簡介，再設定 **類別**、是否 **允許搜尋** 和 **社群年齡限制**，點選 **下一步**，接著設定個人大頭貼以及名稱，再點選 **完成** 即完成社群建立，最後閱讀社群使用的小提醒後，點選 **確定**。

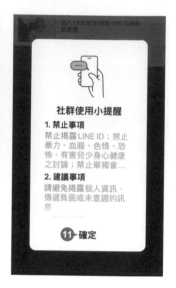

邀請顧客加入

於社群聊天室點選  \ **邀請**，接著 **傳送社群邀請** 畫面會出現四個選項，再點選合適的項目傳送或分享給你想邀請的顧客。

除了可在 FB、IG 或網路上分享 LINE 社群的行動條碼，還可以把行動條碼印刷在菜單、明信片或產品包裝...等物件，透過實體展示宣傳社群。

建議顧客變更社群個人名稱及大頭貼

TIPS 164

店家可於社群聊天室 **簡介** 中建議新加入成員使用大頭貼與暱稱 (或會員編號) 加入，以方便辨識。

step 01
於畫面點選 💬 **聊天**，接著點選社群組名稱進入，於畫面上方點選 ☰ \ **其他設定**。

step 02
點選 **簡介** 進入編輯畫面，若是店家，可在簡介前加一段提醒新加入成員設定名稱與相片的文字；若是已加入的成員，則可在 **社群設定** 畫面時點選 **個人檔案**，完成變更個人名稱及大頭貼後，點選 **完成**。

建議顧客開啟社群提醒

剛建立或加入的社群，提醒功能預設是關閉狀態，如果不想漏掉重要訊息，可以請加入的顧客們都開啟提醒功能。

於社群聊天室點選 **≡** \ **🔇 開啟提醒** 開啟提醒功能，只要再點選 **🔊 關閉提醒** 即可關閉提醒。

加入社群時必須審核或輸入密碼

加入社群有三種方式，分別是 **向所有人公開、須輸入參加密碼、須管理員核准**，可以依店家的需求設定。

於社群聊天室點選 **≡** \ **⚙ 其他設定**，於 **社群設定** 畫面點選 **公開範圍設定**，在清單中點選合適的項目設定，再依指示完成設定步驟。(如本範例點選 **須輸入參加密碼**，輸入密碼後點選 **完成**。)

TIPS 167 變更社群的人數上限

社群預設人數上限為 5000 人，可以依社群管理的需求調整人數上限的數量。

於社群聊天室點選 **≡** \ **⚙** **其他設定**，於 **社群設定** 畫面點選 **參與人數上限**，清單中點選欲設定的人數上限，再點選 **完成** (最少 5 人，最多 5000 人)。

TIPS 168 強制將顧客退出社群

社群中難免會出現一些不遵守規定的顧客，在屢勸不聽的情況下，可以使用管理員的權限將此人趕出社群。

step 01 於社群聊天室點選 **≡** \ **⚙** **成員**，成員清單中點選欲將其退出社群的顧客名稱。(只有管理員可以將成員強制退出)

step 02　點選 **強制退出 \ 強制退出**，最後點選 **確定**。

小提示

解除社群黑名單

被強制退出的成員，即便換了暱稱也無法再次加入這個社群，且會被列在 **禁止加入的黑名單** 中，若想再次加入，需經由管理員解除黑名單，才可以再次加入。

於社群聊天室，點選 ☰ \ ⚙ 其他設定，接著點選 **管理成員 \ 禁止加入的黑名單**，於清單中點選欲解除禁止的成員名稱右側 **解禁鈕、是** 鈕，之後被強制退出的成員就可以重新申請加入或是邀請。

社群中成員身分的權限

TIPS 169

不同於群組，置頂公告、刪除訊息、刪除記事本、強制退出成員...等，在社群中這些功能預設只有管理員有權限，而管理員可以決定是否要授權給共同管理員或一般成員。

一開始建立社群的人就是 "管理員"，每一位加入社群的顧客都算一般成員，而管理員能在一般成員中，指定多位 "共同管理員"。每個社群只能有一位管理員，而管理員最多可以指定 100 位共同管理員，可參考以下表格了解權限範圍：(此資訊以官方公告為準)

功能	管理員	共同管理員	一般成員
將一則記事本標記為重要貼文	可以	需管理員授權	需管理員授權
將一則聊天室訊息設為置頂公告	可以	需管理員授權	需管理員授權
刪除訊息及記事本	可以	需管理員授權	無法使用
變更社群人數上限	可以	需管理員授權	無法使用
強制退出成員	可以	需管理員授權	無法使用
建立活動	可以	需管理員授權	需管理員授權
刪除活動	可以	需管理員授權	無法使用
加入或移除翻譯機器人	可以	需管理員授權	需管理員授權
建立投票	可以	需管理員授權	需管理員授權
刪除投票	可以	需管理員授權	無法使用

TIPS 170 設定共同管理員

若同時有多位管理員管理社群，需設定明確的管理權限分工處理，才能長久經營。

新增共同管理員

step 01 於社群聊天室點選 ☰ \ ⚙ **其他設定**，再於 **社群設定** 畫面點選 **管理成員**。

step 02 點選 **新增共同管理員**，於清單中欲新增為共同管理員的成員名稱，點選 **加入** 鈕 \ **確定** (或點選成員名稱 \ **加入** \ **確定**)。

設定共同管理員權限

step 01　於 **社群設定** 畫面點選 **管理權限**，再點選欲變更權限的項目，例如設定社群人數上限的權限只允許管理員變更，只要點選 **變更聊天室的成員數上限 \ 管理員**，回到畫面再點進去即可看到完成設定。

step 02　如果要設定其他項目的權限，像是建立活動或投票...等功能，於 **管理權限** 畫面點選 **其他聊天室功能**，再於畫面中點選要設定的項目，完成後點選 ✕ 回到上一個畫面。

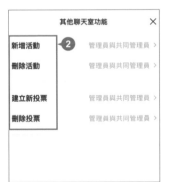

小提示

管理員退出社群怎麼辦？

當管理員退出社群，或是帳號失效、權限被暫停的時候，LINE 會自動指定 "第一位" 被指定為 "共同管理員" 的成員為管理員，如果沒有指定共同管理員時，則會指定 "第一位" 加入此社群的成員為管理員。

為社群加入自動程式

利用 LINE 社群支援的自動程式，可選擇 **垃圾訊息過濾器** 設定限制用語，也可以加入翻譯機器人讓溝通無障礙。

垃圾訊息過濾器

step 01　於社群聊天室點選 ☰ \ 🙂 **自動程式**，接著在 **自動程式** 設定畫面點選 **垃圾訊息過濾器** 右側的 **關閉**，進入設定畫面。

step 02　開啟垃圾訊息過濾器功能後，核選要刪除的限制用語範圍，再點選 **新增限制用語** 鈕，於欄位輸入文字後，點選 **+新增**，完成關鍵字設定後點選 ❮ 回到 **垃圾訊息過濾器** 畫面，於下方可以看到已設定的限制用語。

完成以上設定，之後只要社群聊天室中接收到包含限制用語的訊息，會自動刪除該訊息。

自動翻譯機器人

回到 **自動程式** 設定畫面，點選 **翻譯** 右側的 **關閉**，清單中點選欲加入的翻譯機器人，再點選 **加入** 鈕，再回到 **自動程式** 設定畫面，就可以看到 **翻譯** 為開啟狀態。

之後如要替換翻譯機器人，只要於 **自動程式** 設定畫面點選 **翻譯**，清單中點選要替換的語系，再點選 **加入 \ 加入**，即替換完成。

之後如要關閉翻譯機器人，只要於 **自動程式** 設定畫面點選 **開啟**，再點選 **停用** 取消翻譯機器人的功能。

完成以上設定，之後只要社群聊天室中接收到訊息，會自動依指定的語系翻譯訊息。

社群其他好用的功能

由於社群提高了安全性，目前只提供記事本、上傳相片、增加活動、投票功能...等功能。

記事本

預設情況下，記事本是開啟給社群內所有人使用，只要於社群聊天室點選 ☰ \ 🔲 **記事本**，可看到所有記事本的貼文，如果要新增貼文的話，只要點選 ➕。

相片與影片、連結

於社群聊天室所上傳的相片、影片或是轉貼的網頁連結，都會儲存在社群中，只要於社群聊天室點選 ☰ 進入，可以看到 **照片·影片**、**連結** 這些功能可供點選瀏覽。

建立活動或投票

於社群聊天室點選 ☰ 進入，點選 **活動** 就可以建立活動內容；如果要舉辦票選活動，只要於社群聊天室點選 ➕ \ ☑ **投票**，再依步驟完成操作。(**投票** 功能需經過管理員開啟權限才可以使用，共同管理員及一般成員在未取得權限時無法自行建立。)

FB

IG

LINE

與顧客 LINE 在一起 -
創建店家官方帳號

LINE 官方帳號是一項連繫店家與顧客關係的行銷工具,透過
申請與電腦後台管理,建立如:訊息方案、管理員、大頭貼、
封面、狀態消息、歡迎訊息、基本檔案、付款方式...等基礎內
容,從零開始,創建一個店家專屬的官方帳號!

LINE 官方帳號的經營優勢

TIPS 173

LINE 的高依賴度與高認同度，不僅融入每個人的日常，其中延伸的商業應用，也成為店家經營與行銷不可或缺的宣傳工具。

LINE 的使用從日常傳訊通話，拓展到購物、新聞資訊...等多元化的商用領域，根據統計約有八成的用戶會使用 "LINE 官方帳號" 獲取更多服務與訊息。

LINE 官方帳號可拉近企業、店家與用戶的距離，並擁有增加好友、群發訊息、分眾

行銷、一對一溝通、AI 自動回應、享有優惠券、抽獎、問卷調查、集點卡、圖文訊息、圖文選單...等經營工具，藉由各種活動創意，提高用戶的好感度和購買意願，輕鬆打造即時多元的互動平台。

LINE 官方帳號的經營不但深具市場潛力，更是店家宣傳與顧客互動的最佳選擇。以下整理四點 LINE 官方帳號的經營優勢：

- **免費申請、0 元啟用**：不論店家或個人都可以免費申請 LINE 官方帳號。根據訊息使用程度、淡旺季或宣傳效果，店家可以彈性選擇 0 月費的 "輕用量"，或是 "中用量"、"高用量" 的月費方案，有效控制行銷預算。

- **支援多人管理**：當訊息量較多時，也可以設定其他人為管理員，讓訊息達到即時回覆及有效管理的目的。

- **群發訊息、一對一聊天**：店家可以一次傳送訊息給所有顧客，顧客回傳的訊息只有店家看得到，避免充斥垃圾訊息。另外顧客與店家可以互傳訊息，獨立的聊天室可以保障對話內容隱私性。

- **LINE Official Account App 行動管理**：LINE 官方帳號除了電腦版的操作，也提供行動裝置版的 App，讓店家在管理需求上更具行動力與方便性。

LINE 個人、官方帳號傻傻分不清？

TIPS 174

什麼是 LINE 官方帳號？跟平常使用的 LINE 有何不同？以下針對二者特點與差異性做進一步說明。

關於個人帳號

LINE 是目前十分受歡迎的即時通訊軟體，於手機、平板或電腦裝置上，只要有電話號碼就可以註冊使用。跟朋友之間的聯繫，除了隨時可以透過文字、語音訊息、相片影片或貼圖分享生活瑣事，還可以透過群組或社群功能，將家人、同學、朋友...通通加進來，有效率的討論事情，也因為如此，很多店家會運用這樣的特性，集結顧客，做為訊息發送及行銷工具。

若店家利用個人帳號群組經營行銷，可能有以下幾點問題：

■ 成員都可以發送訊息，所以會充斥著像是廣告、笑話、影片...等垃圾訊息。

■ 店家發送的產品或優惠訊息，會被一則則顧客傳的貼圖、回應或各式各樣的訊息洗版，不容易查找。

■ 對話內容不具隱私性，所有人都可以看到，一些私密事不適合在其中詢問。

■ 群組人數上限 500 人；私人好友與顧客通通混在一起，無法集中管理顧客。

■ 無法指定多人管理，老闆若想請員工代為回覆訊息，還必須將個人手機交付對方，管理上不僅不便也欠缺隱私，更沒有效率可言。

關於官方帳號

為了解決店家在個人帳號的行銷問題，LINE 自 2019 年 4 月 18 日起，將 "LINE@ 生活圈"、"LINE 官方帳號"、"LINE Business Connect"、"LINE Customer Connect"...等產品整合，名稱取為 "LINE 官方帳號" (後續簡稱：官方帳號)。

LINE 官方帳號開放每個用戶都能免費申請與註冊,享有增加好友、品牌互動、分眾行銷、一對一溝通...等服務,不僅店家訊息不會被顧客洗版;彼此間可以一對一聊天,對話內容具隱私性;另外還可以透過官方帳號專屬 App,將顧客與自身好友的訊息做一個區隔與管理;官方帳號也支援多人管理,店家老闆在新增員工為管理員後,即使忙碌或訊息量爆多情況下,也能達到有效管理的目的。

TIPS
175

個人、官方帳號功能差異表

對個人與官方帳號有了大致的認識後,以下透過表格整理二者的差異性:

	個人帳號	官方帳號
好友人數上限	5000 人	無上限
群組人數上限	500 人	無上限
群發訊息	無	有
受眾建立	無	有
一對一聊天	有	有
關鍵字回覆	無	有
歡迎訊息	無	有
圖文訊息	無	有
進階影片訊息	無	有
圖文選單	無	有
優惠券	無	有
集點卡	無	有
多人管理	無	有
後台管理介面	無	有

從盾牌顏色識別官方帳號類型

TIPS 176

LINE 官方帳號可分為 "一般"、"認證"、"企業" 三種類型，通過 LINE 官方的審核流程，可取得相對應的盾牌識別。

分辨一般、認證及企業官方帳號

- **一般官方帳號** ⬟：盾牌顏色為灰色，無論個人或企業，皆可以申請，完全免費，也無須審核。

- **認證官方帳號** ⬟：盾牌顏色為藍色，符合 LINE 官方審核條件的合法企業、店家或組織 (不開放個人、公眾人物、專業人士申請)，必須具備專屬 ID，申請同樣免費。

- **企業官方帳號** ⬟：盾牌顏色為綠色，LINE 官方會根據經營程度與客戶互動狀況 "主動邀請"，此類型帳號無法主動申請。

我的最愛　好友　群組　**官方帳號**
LINE 購物 夯話題 看最夯的話題，買最划算的好東西
LINE 韓語翻譯 韓語 ↔ 中文(繁體)
LINE Pay 一指瞬間 快意生活！
LUXGEN 納智捷汽車 純粹亮點無限可能 Pure For All
MyGoPen｜麥擱騙｜反謠... 快速查證！取得即時闢謠資訊與...
Netgear Taiwan WiFi 6 路由器★新上市～
ONE&ONE 燒肉 ONE&ONE YAKINIKU!!
PAPAGO! 人臉辨識 第一品牌
アラジン

	⬟ 一般官方帳號	⬟ 認證官方帳號	⬟ 企業官方帳號
帳號意義	任何人或店家均可建立	通過審核的合法企業 / 中小型店家 / 組織	積極經營好友的帳號
審核方式	不用審核	合法企業 / 中小型店家 / 組織主動提出認證申請，並具備專屬 ID。	LINE 官方主動邀請
其他	不可被搜尋	可被搜尋	可被搜尋

一般、認證及企業官方帳號功能一覽表

	一般官方帳號	認證官方帳號	企業官方帳號
基本功能			
• 群發訊息 • 主頁投稿 (Timeline 貼文) • 一對一聊天 • 自動/關鍵字回應 • 圖文訊息 • 進階影片訊息 • 圖文選單 • 優惠券/抽獎 • 集點卡 • 行動官網 • 數據資料庫 • Messaging API	○	○	○
基本審核功能 (部分功能需額外計價)			
• 促銷貼圖 (PROMOTION STICKERS) • LINE 互動直播 (LINE LIVE) • 串連線上及線下活動工具 (LINE NOW) • 藍牙發射裝置 (LINE BEACON) • 模組化套件 (BC HUB) • 發票模組 • 切換機制服務系統 (Switcher API)	✕	○	○
進階審核功能 (部分功能需額外計價)			
• 自訂廣告受眾 (Custom Audience Messence Message，AM) • 通知訊息 (Notification Message，PNP)	✕	✕	○

申請一般官方帳號

TIPS 177

一般官方帳號，全面開放企業、店家、個人申請，且無須等待審核！

step 01 使用電腦開啟瀏覽器後 (建議使用 Google Chrome)，在網址列輸入「https://tw.linebiz.com/login/」開啟官方帳號登入管理畫面，選按 **線上申請一般帳號**。(若已有官方帳號可直接看 P11-11 說明)

step 02 如果想要與 LINE 個人帳號有所區隔，或多人共同登入管理，可以準備一組常用或公司的電子郵件、密碼，然後選按**建立帳號**。

step 03　你可以選按 **使用LINE帳號註冊** 利用 LINE 個人帳號、密碼完成註冊；或選按 **使用電子郵件帳號註冊** (後續以此方式說明)，透過一個常用或公司電子郵件完成註冊。

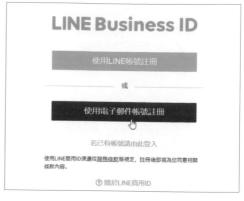

step 04　輸入電子郵件帳號後，選按 **傳送註冊用連結** 鈕。返回信箱開啟註冊用連結的電子郵件，選按 **前往註冊畫面** 鈕。

小提示

選擇 LINE 帳號或電子郵件帳號註冊

- **使用 LINE 帳號註冊**：不需要重新建置一組帳號、密碼，用現有的 LINE 個人帳號、密碼 (前提要有綁電子郵件帳號) 就可以登入並建立官方帳號。

- **使用電子郵件帳號註冊**：如果想要跟 LINE 個人帳號有所區隔，可以準備一個常用或公司使用的電子郵件，及一組密碼，註冊並建立官方帳號。

- 一個 LINE 商用帳號，最多可以建立 100 組的官方帳號 (此資訊以官方公告為準)。

step 05　輸入官方帳號 **姓名** (向其他用戶顯示)，與使用此電子郵件帳號登入的 **密碼** (6~120 個半形英文字母、數字或符號)，核選 **我不是機器人**，選按 **註冊** 鈕，接著再選按 **完成** 鈕及 **前往服務** 鈕。

step 06　於畫面中建立官方帳號的基本資訊，包含：**帳號名稱**、**電子郵件帳號**、**公司名稱** 與 **業種**。其中 **帳號名稱** 是店家對外顯示的名字，最多 20 個字，建立後可再修改 (7 天一次)；**業種** 建立後則是無法修改，最後選按 **確定** 鈕與 **完成** 鈕。

step
07

官方帳號建立完成後，選按 **稍後進行認證 (前往管理畫面)** 鈕，瀏覽授權
使用資訊的條款後，選按 **同意** 鈕。

step
08

進入官方帳號管理畫面 (出現月費資訊及開始經營帳號的說明請先選按
關閉 鈕)，最上方會看到剛剛設定的帳號名稱及隨機產生的 ID。

認識官方帳號電腦管理畫面

TIPS **178**

官方帳號申請好，店家準備 "大顯身手" 之前，先熟悉一下電腦管理畫面，才能有效達到顧客管理及宣傳活動的目的。

登入帳號

完成官方帳號建立後，考量功能使用完整性，建議店家利用電腦瀏覽器 (Google Chrome) 開啟 LINE 官方帳號管理畫面「https://www.linebiz.com/tw/login/」，選按左下方 **登入管理頁面** 鈕，透過 LINE 或商用帳號登入 (延續前面註冊與申請的說明，在此選按 **使用商用帳號登入** 鈕；若已登入可直接看 P11-12 說明)。

認識 LINE 官方帳號管理畫面

step 01

登入後的第一個畫面，曾經建立過的官方帳號清單會顯示於此，選按你要進入管理的 **帳號名稱**。

step 02　於官方帳號管理畫面，提供 **主頁**、**分析**、**聊天**、**基本檔案**、**LINE VOOM**...等標籤，讓店家達到訊息傳送、活動宣傳、數據分析...等目的。

1. 帳號資訊：由左而右分別為大頭貼及帳號名稱、ID、使用方案、好友人數、回應模式 (**聊天** 或 **聊天機器人**)。

2. **主頁** 標籤：訊息發送、建立優惠券、集點卡...等操作。

   分析 標籤：分析訊息發送的數量、好友數、LINE VOOM 及聊天狀況。

   聊天 標籤：利用 LINE Chat 整理與回覆顧客訊息。

   基本檔案 標籤：設定店家基本資訊，包含地址、電話、營業時間...等。

   LINE VOOM 標籤：新版的貼文串建立與管理。

   擴充功能 標籤：集結官方認證的外掛模組，可更方便地活用 LINE 官方帳號。

   購物商城 標籤：申請購物商城，透過此功能進行商品串接，增加商品曝光機會及獲取新顧客的訂單。

3. 功能表：會顯示標籤的功能項目。

4. 編輯區：根據選按的標籤或功能，顯示相對應的編輯區內容。

5. **帳號**：提供 **帳號一覽**、**群組一覽**、**帳號** 和 **登出** 的設定項目。

6. **設定**：**帳號設定**、**權限管理**、**回應設定**、**Messaging API**、**登錄資訊** 和 **帳務專區** 的設定與管理。

TIPS
179

防止預算超支！彈性選擇訊息方案

官方帳號新版計費方案，預計 2023/9/1 正式上線，可以依照店家自身營業狀況，靈活安排每個月的訊息發送量，有效控制行銷預算。

訊息方案收費標準

官方帳號預設 "輕用量" 方案免費享有後台的所有基礎功能，API 無須審核，無須升級費用，即可開啟使用，每個月固定可以發送 200 則免費訊息。只是當官方帳號經營到一定規模時，好友人數變多了，原本輕用量方案的免費訊息可能就不敷使用。除了考慮升級，在成本與預算考量下，還可以搭配加購方式彈性調整。

(新版計費方案 2023 年 9 月 1 日生效：https://s.yam.com/Pz2jJ；舊版計費方案 2019-2023 年 8 月 31 日前適用：https://s.yam.com/fURGX)

	輕用量	中用量	高用量
固定月費	免費	800 元	1,200 元
訊息則數	200 則	3,000 則	6,000 則
加購訊息費用 (每 1 則)	不可	不可	$0.2 / 則起降

▲ 訊息方案收費表 (此為 2023 年 9 月 1 日起適用之收費方案，以官方公告為基準。)

總發送訊息數量	加購訊息價 (未稅)	總發送訊息數量	加購訊息價 (未稅)
6001~25000	$0.200	825001~1305000	$0.0946
25001~35000	$0.165	1305001~2585000	$0.0858
35001~45000	$0.154	2585001~3525000	$0.077
45001~65000	$0.143	3525001~5145000	$0.066
65001~105000	$0.132	5145001~8025000	$0.055
105001~185000	$0.121	8025001~10265000	$0.0385
185001~345000	$0.1045	10265001~20505000	$0.0187
345001~665000	$0.1034	20505001~	$0.011
665001~825000	$0.099		

▲ 高用量方案加購訊息收費表

訊息則數計算

訊息則數計算為：

發送次數 × 目標好友數 = 總訊息發送數

店家可以先行估算：目前的好友數、預計每天或每週要發送的次數，即可初步計算出每月發送的訊息數量。也就是說如果一週發送 2 次，一個月發送 8 次，那 8 次 × 目標好友數 = 總訊息發送數。

(官網另提供新、舊版費用計算機方便快速計算：https://s.yam.com/tpW4Y)

月費和免費訊息則數調整

2023 LINE 官方帳號新版計費方案，一樣維持 "輕"、"中"、"高" 三種用量方案，收費模式依然為 "固定月費" + "加購訊息費用"，各方案月費與免費訊息則數新、舊調整如下：

■ **輕用量**：免費使用的訊息數量從現行 500 則調整為 200 則，因為無法加購訊息，所以使用上必須精準控制，當訊息量不足時，訊息就無法全數發送。

■ **中用量**：月費維持 800 元，免費使用的訊息數量從現行 4,000 則調整為 3,000 則。因為修改為 "不可加購訊息"，如果原有免費訊息則數使用完後，想要加購需升級至高用量方案。

■ **高用量**：月費從現行 4,000 元降低為 1,200 元，藉此減少店家每月的固定成本，免費使用的訊息數量則從現行 25,000 則調整為 6,000 則。這個方案可加購訊息，並調整為每則從 0.2 元起降，同樣採 "階梯式累進計價方式"，差別只在各級距的訊息單價調整。

高用量 總訊息合計發送 35,000 則的試算方式 (固定月費 + 加購訊息費用)：

免費訊息則數 6,000 則		1 則 0.2 元 19,000 則		1 則 0.14 元 10,000 則		合計總訊息則數 35,000 則
1,200 元	+	3,800 元	+	1,650 元	=	6,650 元

訊息方案變更的生效時間和計算方式

■ 2023 年 8 月 21 日起，"輕用量" 若升級至 "中用量"、高用量" 方案時，當月立即生效，收取中、高用量全額月費，並提供該方案對應的全部免費訊息則數。"中用量" 若升級為 "高用量" 方案時，當月立即生效，收取月費差額 400 元 (1,200 元 - 800 元)，並補上 3,000 則免費訊息則數。

■ 2023 年 9 月 1 日起，"高用量" 若降級至 "中用量"、輕用量" 方案時，維持現行制度，於次月生效，並適用於降級後的月費和免費則數。例如：6 月 10 日申請從 "高用量" 轉成 "中用量"，方案生效日為 7 月 1 日，月費從 1,200 元調整為 800 元，免費則數從 6,000 則調整為 3,000 則。

■ 超發的訊息費用，會於月底結算 (根據當月 1 日到月底的訊息數進行統計)，並在下個月 10 日扣款。

─ 小提示 ─

哪些訊息屬於 "免付費"？

是不是所有訊息都需要付費？其實官方帳號除了群發訊息與 Messaging API 進階功能的 Push API (主動推播訊息) 需要計費，下列幾種訊息店家可以不用支付任何費用！

- **加入好友的歡迎訊息**：顧客新加入時，官方帳號會自動發送歡迎訊息，此則不算在總訊息則數內。
- **一對一手動聊天訊息**：帶給顧客即時性又專屬的互動感，更是完全免費。
- **自動/關鍵字回應訊息**：當顧客提問而觸發自動回應的功能，不算在總訊息則數內。
- **AI 自動回應訊息**：設定簡單的 AI 自動回應訊息的內容，減少處理訊息回應所需時間，更靈活地回應用戶，不算在總訊息則數內。
- **Messaging API 進階功能的 Reply API (自動回覆訊息)**：指 LINE 機器人針對顧客傳來的訊息自動回覆的 API，一樣不算在總訊息則數內。

變更訊息方案

如果想要變更訊息方案，可以參考以下操作：

step 01 於官方帳號管理畫面 **主頁** 標籤選按 ⚙ **設定**，於 **設定 \ 帳號設定 \ 帳號資訊** 選按 **變更方案**。

step 02 於 **推廣方案一覽** 中想要變更的方案下方選按 **升級** 鈕 (方案目前適用 2019-2023 年 8 月 31 日)，進行相關調整。(如果畫面上方出現 "請先登錄付款方式" 色塊，可參考 P11-30 登錄付款方式的操作，完成登錄後才可購買推廣方案。)

購買好記好搜尋的專屬 ID

TIPS 180

一組獨一無二的專屬 ID，容易記，搜尋也輕鬆，讓官方帳號不僅可以快速招募好友，還可以達到宣傳與推廣的目的！

什麼是專屬 ID？

官方帳號申請時，會隨機產生一組包含數字與英文的 ID，因為是系統亂數組合，所以一來不是與公司名稱相關，二來也不好記。專屬 ID，其實就是店家可以透過付費方式，指定官方帳號的 ID 內容，命名規則為：4~18 個字，可使用半型英數、部分符號 "."、"-" 及 "_"。(完整 ID 必須包含 "@")

@019ulpon   @cafe4you.tw

▲ 一般 ID   ▲ 專屬 ID

購買專屬 ID 的好處

■ **提升品牌辨識度**：如果有既定的品牌名稱，可以將其指定為專屬 ID，像是星巴克 (@starbuckstw)、IKEA (@IKEATAIWAN)...等，讓品牌名稱可以延伸到各個媒體或社群，強化辨識度。

■ **記憶、搜尋都方便**：跟品牌名稱相呼應或有意義的專屬 ID，顧客看一眼不僅容易記得，搜尋 ID 時也變得方便又快速。

■ **獨一無二**：店家可以透過購買，建立一組自己專屬的 ID，先買先贏，不用擔心跟其他人重複。

■ **免費申請認證官方帳號**：只要符合 LINE 官方審核條件的合法企業、店家或組織 (不開放個人、公眾人物、專業人士申請)，又有 "專屬 ID"，就能免費申請認證帳號。

方案介紹

透過官方帳號電腦管理畫面或 Android 行動裝置購買專屬 ID，年費為 $720 (未稅)；透過 iOS 行動裝置購買專屬 ID，年費為 $1,038 (未稅)。不管透過哪一種管道購買，都只需購買一次，之後無論在電腦或 App 使用官方帳號，專屬 ID 的權益都不會受影響。

購買方式

購買專屬 ID 共有三種方式：電腦管理畫面、Android 行動裝置、iOS 行動裝置，以下將介紹電腦管理畫面購買方式。

step 01　於官方帳號管理畫面 **主頁** 標籤選按 ⚙ **設定**，於 **設定 \ 帳號設定 \ 帳號資訊** 選按 **購買專屬 ID**。

step 02　於 **購買專屬 ID** 輸入你想指定的 ID，ID 除了固定的 @ 外，最多可以輸入 4~18 個字，僅能使用半型英數、部分符號 "."、"-" 及 "_"。當確認可以使用此專屬 ID 時 (欄位下方藍色小字)，選按 **購買專屬 ID** 鈕進行相關購買程序。(如果上方出現 "請先登錄付款方式" 色塊，可參考 P11-30 登錄付款方式的操作。)

多人管理與權限設定

TIPS **181**

可以將原本只有老闆或經營者才有的管理權限，指定給特定員工，分工合作協助管理顧客與處理訊息。

管理人員層級與權限

一般店家官方帳號的申請人，常會是老闆或店長，也是預設的管理者。不過很多時候，老闆或店長事情一大堆，店家官方帳號的管理或是訊息傳送，常需要仰賴員工協助。

目前官方帳號支援多人管理，管理員最多可以增設到 100 人。員工只要被指定為管理員，使用他自己的 LINE 帳號與密碼，就可以登入店家官方帳號管理畫面。官方帳號管理人員層級與權限內容，可參考以下列表：

	管理員	操作人員	操作人員 (無傳訊權限)	操作人員 (無瀏覽分析權限)
建立群發訊息	○	○	○	○
建立貼文	○	○	○	○
傳送群發訊息	○	○	✕	○
張貼至 LINE VOOM	○	○	✕	○
瀏覽分析	○	○	○	✕
變更帳號設定	○	○	○	○
管理帳號成員	○	✕	✕	✕

新增管理成員

⚙️ step 01　於官方帳號管理畫面 **主頁** 標籤選按 ⚙ **設定**，選按 **權限管理** 與 **新增管理成員** 鈕。

⚙️ step 02　畫面中會看到權限種類及管理項目列表。選按想要給予的 **權限種類** 後，選按 **發行網址** 鈕，接著於網址按一下滑鼠右鍵，複製產生的網址 (24 小時內有效)，選按 **關閉** 鈕，再將複製的網址傳送給要新增為管理成員的員工或朋友。

當對方選按該網址，輸入個人的 LINE 帳號、密碼後，選按 **接受邀請** 鈕，即可成為店家所指定的管理員。

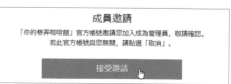

成員邀請

「你的巷弄咖啡館」官方帳號邀請您加入成為管理員，敬請確認。
若此官方帳號與您無關，請點選「取消」。

接受邀請

建立第一印象：新增大頭貼與封面

TIPS 182

想要讓顧客一眼認出？可以從優化官方帳號的大頭貼與封面開始，營造出店家整體的品牌形象。

step 01
大頭貼：於官方帳號管理畫面 **主頁** 標籤選按 ⚙ **設定**，於 **設定 \ 帳號設定 \ 基本設定** 選按 **基本檔案圖片** 右側 **編輯** 鈕加入官方建議的相片格式、尺寸，並調整顯示範圍，最後選按二次 **儲存** 鈕。(變更後一個小時內無法再次修改)

step 02
封面：於 **設定 \ 帳號設定 \ 基本設定** 選按 **預覽基本檔案**，再於 **背景圖片** 中加入相片並調整顯示範圍，選按 **確定** 鈕，於畫面右下角選按 **儲存** 鈕，再選按 **確定** 鈕完成封面設定。

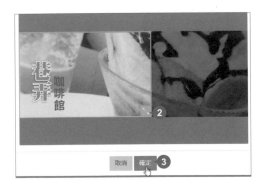

TIPS 183 善用狀態消息增加曝光度

善用 **狀態消息** 吸引顧客目光，還可以成為搜尋關鍵字，例如：超便宜、促銷中、周年慶、最新優惠...等。

狀態消息 是出現在帳號名稱下方的灰色小字，善用關鍵字設定，可以提升店家被搜尋到的機會，增加曝光機會！

step 01 於官方帳號管理畫面 **主頁** 標籤選按 ⚙ **設定**，於 **設定 \ 帳號設定 \ 基本設定** 選按 **狀態消息** 右側 🖉 輸入 20 個以內文字，選按 **儲存** 鈕。

step 02 最後會出現警告訊息，告知你變更後的一個小時內無法再次修改，選按 **儲存** 鈕完成設定。

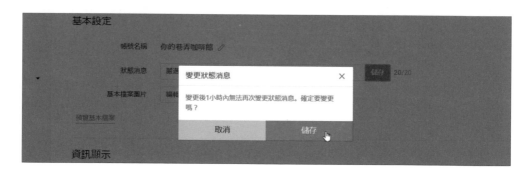

TIPS 184 善用歡迎訊息打招呼

顧客初次加入店家的官方帳號時，會出現歡迎訊息，這是顧客與店家的第一次接觸，也是拉近彼此距離、決定印象分數的關鍵！

設計重點

歡迎訊息就像店家的自我介紹，只會在顧客首次加入時出現，如何掌握問候語的設計重點，吸引顧客留下來，降低被封鎖機率，是店家一定要知道的行銷手法！

■ **歡迎訊息 3 則最佳**：歡迎訊息一次可設定 5 則，但太過冗長會影響顧客觀看意願，建議最多 3 則。內容可以為：店家簡介、客服時間、服務項目...等，其中最重要的訊息放在最後，因為會在顧客畫面停留最久，被看到的機會也最大！

■ **使用第一人稱**：透過第一人稱語氣，並加上人名 (如曉聿、Lily...等) 與顧客問好或對話，可以提升親切感與人情味。

■ **善用相片、表情符號或優惠券**：相片、表情符號...等的使用，讓歡迎訊息圖文並茂，還充滿趣味；加入優惠券，則是提高用戶留下來的意願。

設定歡迎訊息

step 01 於官方帳號管理畫面選按 **主頁** 標籤，選按 **聊天室相關 \ 加入好友的歡迎訊息**，對話框中提供預設的歡迎訊息 (可選按右上角 ⊠ 先關閉對話方塊)，右側 **預覽** 區則是模擬手機顯示畫面。

step 02
此處示範圖片加文字的二則歡迎訊息。先刪除預設的歡迎訊息，於第一個對話框上方的訊息列選按 ☑ \ **上傳相片** 後，選按 **新增** 鈕建立第二個對話框。

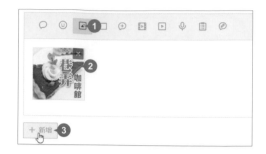

step 03
於訊息列選按 ○ 輸入歡迎訊息後，為了讓每個顧客收到時能顯示他們的 LINE 姓名，可以在指定位置選按 **好友的顯示名稱** 鈕插入；而店家名稱，則是可以在指定的位置選按 **帳號名稱** 鈕插入。

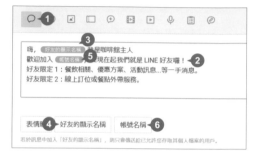

step 04
選按 **表情貼** 鈕，將表情符號穿插到文字中 (目前只能使用預設圖案)，讓原本都是文字的歡迎訊息變得生動活潑，更有親切感。

step 05
設定歡迎訊息後，選按 **儲存變更** 鈕 \ **儲存** 即完成設定。(其中 ∧ 或 ∨ 可以改變對話框順序；× 可以刪除對話框)

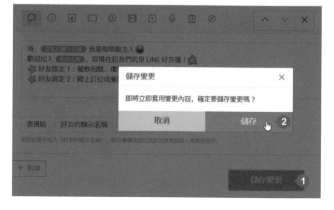

建立基本檔案

TIPS 185

基本檔案的建立,可讓顧客方便找到店家電話、地址、營業時間或官方網站...等服務資訊,對店家自然就會產生信任感與安全感!

step 01
於官方帳號管理畫面選按 **基本檔案** 標籤,開啟另一個 **基本檔案的頁面設定** 分頁,其中包含背景圖片、帳號設定...等資訊,基本檔案預設是隱藏狀態,當建立好店家資訊,可以設定為公開。

step 02
預設已建立 **聊天** 與 **貼文** 按鍵,除了 **聊天** 按鍵無法刪除 (其他可選按 ☒ 刪除),另外可以新增 **集點卡、外送餐飲、外帶**...等按鍵 (最多三個按鍵,部分按鍵需先透過左側預覽畫面 **新增擴充** 項目後才可新增)。

step 03
左側可預覽設定好的內容,確認後選按 **儲存** 鈕、**確定** 鈕。

step 04 拖曳左側預覽畫面捲軸，於 **基本資訊** 選按 **編輯**，接著就可以設定相關資訊，例如：**介紹**、**營業時間**、**預算**、**電話**、**網站**...等，再於想要公開的資訊，選按 ◯ 呈 ◯ 狀。

step 05 資訊輸入完成，先於右下角選按 **公開** 鈕，再選按 **確定** 鈕，最後於左側預覽畫面要公開的項目，選按 ◯ 呈 ◯ 狀。

小提示

公開其他資訊

左側預覽畫面除了提供 **最新資訊**、**最新貼文**、**社群平台**...等項目，還可以選按 **+ 新增擴充**，擴充像 **集點卡**、**優惠券**...等項目，或是根據店家業種，選擇公開相關資訊。(以餐飲類來說還提供 **外送餐飲**、**外送商品**、**外帶**...等項目)

讓顧客輕鬆成為好友的四種方式

TIPS **186** 已經成功建立的官方帳號，顧客只要透過 ID 搜尋、掃描行動條碼、選按網址或連結鈕就可以加入！

官方帳號加入的方式，如同加入 LINE 好友一樣，顧客只要使用行動裝置上已安裝的 LINE，無須下載其他 App，就可以利用 ID、行動條碼，甚至是網址輕鬆加入。只不過身為官方帳號的管理者，也就是店家，如何提供這些資訊給顧客呢？

官方帳號 ID

於官方帳號管理畫面 主頁 標籤，除了可以於上方的帳號資訊找到 ID，還可以選按右側 ⚙ 設定，於 設定 \ 帳號設定 \ 帳號資訊 找到 (完整 ID 必須包含 "@")。

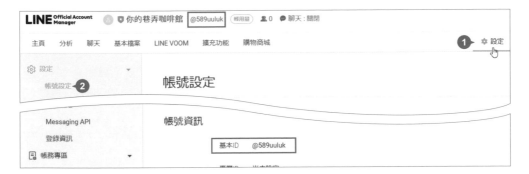

官方帳號網址

於官方帳號管理畫面 主頁 標籤選按 增加好友人數 \ 增加好友工具，再選按 建立網址，利用複製網址的方式，藉由簡訊、電子郵件，或 Facebook、Instagram...等社群分享給顧客，方便選按加入。

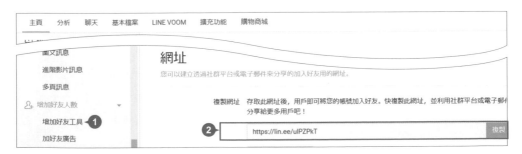

官方帳號行動條碼

於官方帳號管理畫面 **主頁** 標籤選按 **增加好友人數 \ 增加好友工具**，再選按 **建立加入好友行動條碼 \ 下載** 鈕下載 <2dbarcodes_GW.zip> 檔案，可以將解壓縮後的 PNG 檔案用於店家名片、海報...等宣傳品；或是複製 HTML 標籤用於網頁編輯，將行動條碼顯示在店家網站中，顧客開啟 LINE App 掃描就可以加入店家官方帳號。

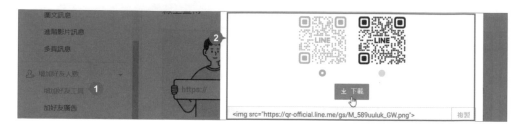

官方帳號連結鈕

於官方帳號管理畫面 **主頁** 標籤，選按 **增加好友人數 \ 增加好友工具**，再選按 **建立按鍵**，複製 **加入好友** 的 HTML 標籤，張貼在網站內想要顯示的地方，方便顧客選按此鈕，加入店家官方帳號成為好友。

── 小提示 ──

關於建立海報

於官方帳號管理畫面 **主頁** 標籤的 **增加好友人數 \ 增加好友工具** 中，提供 **建立海報** (PDF 檔案) 功能，讓店家可以列印並張貼在店頭進行宣傳。(還提供具有熊大、兔兔合法肖像的海報讓店家製作，吸引顧客將你的官方帳號加入好友。不過這項服務僅限 "認證官方帳號"，一般官方帳號無法使用喔！)

TIPS 187 刪除官方與商用帳號

帳號的經營,常是心血、成本與誠信的累積,所以刪除帳號前,需先三思而後行,找到問題點並嘗試排除困難,切勿衝動!

刪除官方帳號

於官方帳號管理畫面 **主頁** 標籤選按 ⚙ **設定**,於 **帳號設定** 選按 **刪除帳號**,瀏覽注意事項後,核選 **我理解上述所有注意事項並同意刪除此LINE官方帳號**,選按 **刪除帳號** 鈕,最後確認後選按 **刪除** 鈕。

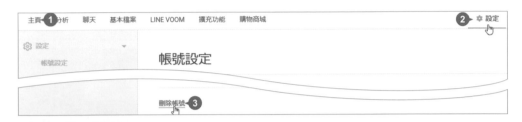

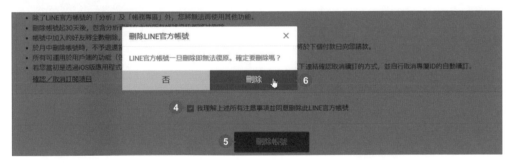

刪除商用帳號

用來開設官方帳號的商用帳號 (用個人或公司電子郵件申請) 如果要刪除,可以於官方帳號管理畫面 **主頁** 標籤選按帳號名稱 \ **設定**,於畫面最下方選按 **刪除帳號** 鈕,最後確認後選按 **刪除** 鈕,之後即無法復原,也無法再登入此帳號。

登錄付款方式

TIPS 188

不管是購買專屬 ID，還是變更訊息方案，都必須透過 LINE Pay 或信用卡完成付款。

step 01　於官方帳號管理畫面 **主頁** 標籤選按 ⚙ **設定**，選按 **帳務專區 \ 付款方式 \ + 新增** 鈕，再選按 **確定** 鈕。

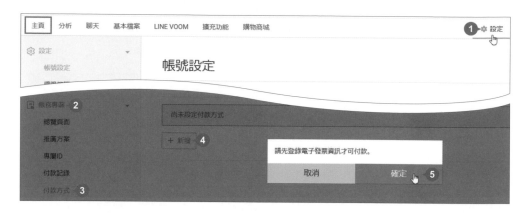

step 02　輸入電子發票相關資訊、設定發票類型、發票載具後，選按 **儲存** 鈕，此時需要先連動你的 LINE 個人帳號，才能進行後續操作。選按 **與LINE連動** 與 **連動LINE帳號** 鈕。

關於連動 LINE 帳號

如果目前官方帳號是透過公司電子郵件註冊，在連動 LINE 帳號前，必須先回到行動裝置的 LINE 個人帳號 **主頁** 畫面，選按 ⚙ \ **我的帳號**，於 **電子郵件帳號** 輸入當初註冊官方帳號的電子郵件，完成與 LINE 個人帳號的綁定後，才能設定後續的連動。

確認是否與 LINE 個人帳號完成連動？

如果想確認官方帳號是否與 LINE 個人帳號完成連動設定，可以於官方帳號管理畫面 **主頁** 標籤選按帳號名稱 \ **設定**，於 **LINE** 項目中查看。

step 03 輸入想要連動的 LINE 個人帳號的 **電子郵件帳號**、**密碼** (如有顯示驗證圖片需輸入圖中文字)，選按 **登入** 鈕，再核選欲付款的方式，選按 **新增** 鈕。

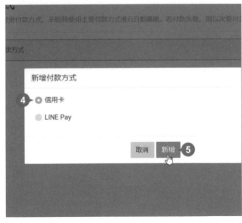

step 04 接著新增 **信用卡卡號**、**有效期限**、**CVC** 及核選同意服務條款,選按 **下一步** 鈕,再選按 **確定** 鈕,完成驗證後選按 **確定** 鈕。(過程中如需使用信用卡 OTP 密碼服務,請依各銀行相關指示步驟完成驗證。)

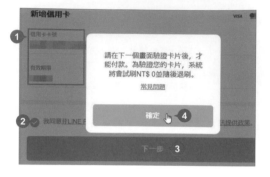

step 05 最後選按 **新增** 鈕,即可在 **付款方式** 中看到已加入信用卡。

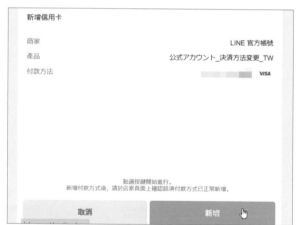

小提示

變更付款方式與發票資訊

- 變更付款方式,可以於官方帳號管理畫面 **主頁** 標籤選按 **設定**,選按 **帳務專區 \ 付款方式 \ 變更付款方式** 鈕重新選擇。

- 修改發票資訊,可以於官方帳號管理畫面 **主頁** 標籤選按 **設定**,選按 **帳務專區 \ 電子發票資訊 \ 編輯** 鈕修改內容。

FB

IG

LINE

分眾經營集客術 -
官方帳號管理與行銷手法

各品牌競爭激烈,新品牌又不斷推出,該如何增加曝光度、吸引消費者目光、培養顧客黏著度?LINE 官方帳號為店家輕鬆打造即時多元的互動平台,更可透過抽獎、優惠券、問卷或集點卡拉近與顧客之間的距離,刺激消費,行銷效果更加倍。

群發訊息主動觸及更多好友

群發訊息 是官方帳號最具廣告傳播力的宣傳工具，可以一次向所有好友傳送同一則訊息，創造店家與好友更多的接觸機會。

群發訊息的內容建議不要過度制式化，可用第一人稱與好友對話的語氣分享訊息內容，例如："小編祝福你佳節愉快"、"暑假愛心外送揪你一起吃早餐"...等，提高瀏覽與互動機率。

step 01 進入 LINE 官方帳號管理畫面「https://manager.line.biz/」，登入帳號，選按要管理的帳號名稱，再選按 **主頁** 標籤。

step 02 選按 **群發訊息 \ 建立新訊息**，首先設定 **傳送對象：所有好友**，**傳送時間：立即傳送** (也可指定日期與時間)。

step 03 核選 **張貼至 LINE VOOM**，可將訊息同步投稿至 LINE VOOM。

小提示

群發訊息依每月群發訊息數量分級計費

- LINE 官方帳號以訊息量計價，共分為輕、中、高三個用量，如果同一則訊息發給 100 個好友，表示使用了 100 則的額度。(2023年9月1日起適用)
- 輕用量：每月可免費群發訊息從現行 500 則調整為 200 則。
- 中用量：月付 800 元，可群發訊息從現行 4,000 則調整為 3,000 則，不可加購訊息。
- 高用量：月付 1,200 元，可群發訊息從現行 25,000 則調整為 6,000 則，加購訊息調整為每則從 0.2 元起降。

step 04 若核選 **指定群發訊息則數的上限**，可依預算指定要發送的訊息量 (須小於目前可傳送則數)，若大於目前好友總數則會由 LINE 隨機挑選對象傳送。

step 05 於訊息列選按要發送的訊息格式：文字、貼圖、相片、優惠券、圖文訊息、進階影片訊息、影片和語音訊息...等，一則訊息只能指定一種格式 (選按下方 **新增** 鈕可新增另一則，**群發訊息** 最多可以同時傳送三則訊息；右側 **預覽** 區可瀏覽傳送後呈現畫面)，再選按 **傳送** 鈕。

step 06 最後於確認視窗選按 **傳送** 鈕，即將此群發訊息依你所指定的對象、時間與內容發送給好友。

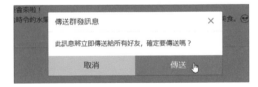

─ 小提示 ─

無法指定 "張貼至 LINE VOOM" ?

以下二個狀況，已核選的 **張貼至 LINE VOOM** 項目會被 LINE 取消核選：

- 傳送一則以上的訊息時。
- 指定群發訊息則數或為 A/B 測試時。

訊息還沒完成先儲存為 "草稿"

選按最上方的 **儲存草稿** 鈕，可以將未確定的訊息先以草稿模式儲存，後續再於左側功能表選按 **群發訊息 \ 訊息一覽**，**草稿** 標籤中開啟編輯再傳送。

分眾行銷，讓預算花在刀口上

TIPS **190**

投其所好發送訊息，才能精準地掌握顧客的心、降低被封鎖率！群發訊息的對象有可能是品牌粉絲、潛在或已消費過的顧客，精準行銷對店家來說還能節省預算！

依篩選條件分眾群發

當 LINE 官方帳號的好友數超過 100 人，可針對加入時間、性別、年齡...等屬性篩選訊息發送對象，讓 "對的" 顧客收到訊息，達到分眾行銷的效果。

step 01　於官方帳號管理畫面選按 **主頁** 標籤 \ **群發訊息** \ **建立新訊息**。

step 02　**傳送對象** 核選 **篩選目標** (填寫 **傳送對象名稱**，篩選條件名稱將顯示於左側功能表 **訊息一覽** 的 **對象** 欄位。)，**依屬性篩選** 右側選按 ✏。

step 03　於 **設定篩選條件**，設定合適的篩選條件 (各條件的詳細說明可參考下方補充資料)，選按 **設定** 鈕完成篩選設定。

- **加入好友時間**：依好友加入店家官方帳號的時間，給予不同訊息。
- **性別**：依性別篩選，可讓產品較多樣化的店家，簡單又快速的分別發送訊息給男性或女性顧客。
- **年齡**：依年齡層篩選，可讓店家針對特定年齡的目標客群行銷，例如老年或嬰幼兒用品。
- **作業系統**：依手機作業系統篩選，可讓 3C 或科技、遊戲品牌店家傳遞合適的訊息。
- **地區**：依地區篩選，對於有各地分店或商品只能店取的店家來說，是非常好用的分類屬性。

依受眾項目分眾群發

無論好友人數多少都能建立 **受眾**，可以透過：使用者識別碼、點擊、曝光再行銷、聊天標籤、管道...等設定受眾，發送訊息時，店家就能選擇或排除能收到訊息的對象，達到分眾行銷的效果。

step 01 於官方帳號管理畫面選按 **主頁** 標籤 \ **資料管理** \ **受眾**。

step 02 選按 **建立** 鈕，**受眾類型** 選擇合適的類型 (各類型的詳細說明可參考下方補充資料)。

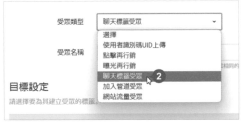

- **使用者識別碼 UID 上傳**：透過上傳使用者識別碼 UID 建立的受眾。
- **點擊再行銷**：將點擊過群發訊息連結的好友當作受眾。
- **曝光再行銷**：將開啟過群發訊息的好友當作受眾。
- **聊天標籤受眾**：一對一聊天室中設定標籤 (參考 P12-9) 的好友當作受眾。
- **加入管道受眾**：透過特定管道將你的帳號加入好友的用戶。
- **網站流量受眾**：依 LINE Tag 的追蹤資訊建立受眾。

step 03 輸入 **受眾名稱**，再於 **目標設定** 清單合適的訊息項目右側選按 **選擇** 鈕，最後選按 **儲存** 鈕完成設定。(需等待 LINE 官方審定，該受眾項目右側標註 **可用**，即可於群發訊息時使用。)

step 04　完成 **受眾** 的設定後，選按 **群發訊息 \ 建立新訊息**，**傳送對象** 核選 **篩選目標**，再選按 **新增受眾** 鈕，即可於清單中選按合適的受眾項目。

step 05　**受眾** 清單中，店家可以指定 **包含** 或 **不包含** 每個受眾項目，讓你更靈活的分眾發送訊息！指定好選按 **新增** 鈕，完成 **受眾** 設定。

TIPS 191　群發訊息的高效益時間點

群發訊息 可以預約傳送的時間，顧客面對來自各品牌的大量訊息，選擇高效益時間點發送才能達到最佳的效果！

一般店家都會設定中午十二點或晚上九點左右發送訊息，這二個時段的確是大部分顧客觀看訊息的空檔片段，但也建議避開這樣的訊息顛峰時間，發送的訊息才不會被其他品牌訊息淹沒。

沒有所謂 "最好" 的發文時機與時段，而是要先了解你的目標客群。建議依據店家屬性和好友或分眾群發屬性，做為主要考量，舉例來說：

■ 如果店家是 **旅遊類**：連假與各大節慶前，可設計一系列好康活動或優惠推廣，也可針對各類客群量身規劃，激起大家想出門遊玩的心情。

■ 如果店家是 **電商類**：上班族客群中午飯後或晚上九點左右，中老年人客群則可在早餐飯後，發送限時限量特惠、週末折扣活動...等訊息，激起顧客購物採買慾望。

("感到被打擾" 是顧客封鎖帳號的前三大原因之一，因此避免在凌晨發送訊息擾人清夢，容易令顧客一氣之下封鎖了店家的帳號。)

一對一聊天拉近彼此好感度

TIPS 192

一對一聊天可讓顧客私下傳訊息給店家，而店家可以隨時隨地回應顧客訊息，絕佳隱私性、所有對話不會被其他顧客看到，幫你輕鬆掌握顧客需求與諮詢！

LINE 官方帳號的回應模式預設為 **聊天機器人** 模式，當顧客對店家傳送訊息會收到 "感謝您的訊息..." 的自動回覆內容，在此若想要一對一聊天必須先將回應模式切換為 **聊天** 模式。

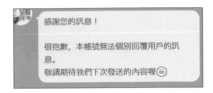

切換成 "聊天" 模式

:::step
step 01
:::

於官方帳號管理畫面選按 **聊天** 標籤 \ **前往回應設定頁面**。

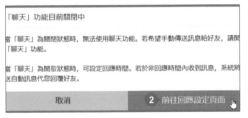

:::step
step 02
:::

於 **回應設定** 畫面 **回應功能** 核選 **聊天**，即完成回應模式切換。

─ 小提示 ─

其他設定方式

若沒有出現上方步驟 01 的設定視窗，可以選按畫面右上角 ⚙ **設定** \ **回應設定**，同樣會進入 **回應設定** 畫面。

一對一聊天

聊天 模式預設一天 24 小時都是一對一聊天的方式,當好友主動傳送訊息給店家,店家才能回覆訊息,**聊天** 標籤上會標註訊息數。

step 01 於官方帳號管理畫面選按 **聊天** 標籤,進入專屬畫面。左側好友列表中會看到目前有傳訊息給你的好友,選按好友名稱即可切換至你與好友的專屬聊天室。(好友名稱右側有綠色點點代表未讀訊息)

step 02 與 LINE 跟好友聊天的方式相似,聊天室上方有 **待處理**、**處理完畢** 狀況標註鈕與搜尋鈕,於下方訊息框可輸入文字訊息、貼圖、傳送檔案。

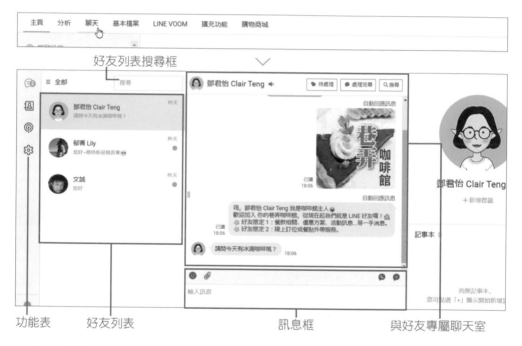

好友列表搜尋框

功能表　　好友列表　　　　　　　　　　　訊息框　　　　　　與好友專屬聊天室

step 03 選按聊天室畫面右上角 ⋮,可管理聊天內容,包括:**設為黑名單**、**下載聊天記錄** (下載 CSV 格式檔)、**刪除** (刪除該好友的聊天記錄)。

一對一聊天關鍵技巧

TIPS 193

一對一聊天的六大關鍵技巧，讓你就是比別人會聊天！顧客感覺你懂他，更能提升分眾行銷帶來新商機。

變更顧客的顯示名稱

step 01
於官方帳號管理畫面選按 **聊天** 標籤，進入專屬畫面。先切換至想要變更名稱的好友專屬聊天室中，於右側好友大頭貼下方選按 ✎。

step 02
於 **變更顯示名稱**，依據與顧客互動內容輸入容易辨識的名稱，方便自己或其他管理員清楚地識別同樣名稱的好友。(好友暱稱最多 20 個字，可將好友暱稱再加上會員編號、會員等級、手機號碼...等，更有系統的管理好友名單。)

貼上標籤快速識別顧客

店家可依據經營需求設置多組公用標籤，再於一對一聊天室顧客標註上合適標籤，聊天互動時可以參考標籤，了解顧客屬性與需求快速提供需要的資訊與服務；此外標籤建立還能應用在分眾行銷，於前面建立 **受眾** 時可以選擇 **聊天標籤受眾** (參考 P12-5 詳細說明)，群發訊息即能依據標籤更準確的找到目標族群，提供產品資訊！

step 01
首先設置公用標籤，於聊天室畫面左側功能表選按 ⚙ **聊天設定 \ 標籤**。

step 02 選按 **+ 建立** 鈕。輸入標籤名稱，最多 20 個字，輸入後選按 **儲存** 鈕完成一組標籤的建立。

step 03 依以上方式建立多組標籤後，於左側功能表選按 💬 **聊天**，回到一對一聊天室。

step 04 切換至要標註標籤的好友專屬聊天室中，於右側好友大頭貼下方選按 **+ 新增標籤**，於剛剛建立的公用標籤中選按合適的，再選按 **儲存** 鈕。

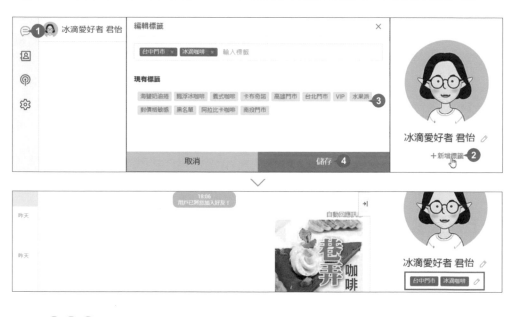

── 小提示 ──

標籤數量與字元數的限制

公用標籤最多可建立 200 個，每一個好友最多可以標註 10 個標籤，每一個標籤最多 20 個字。

用標籤快速搜尋性質相似的顧客

若想在聊天室好友列表中快速找到性質相似的顧客，以提供相關的資訊與服務時，可於好友列表上方的搜尋框輸入標籤全名或關鍵字。

step 01 於聊天室畫面左側功能表選按 ▣ **聊天**，回到一對一聊天室。

step 02 搜尋框中輸入標籤全名或關鍵字，例如：台中門市或台中，再於結果清單選按合適的標籤項目，如此一來會快速找出有標註該標籤的好友。

記事本記錄大小事

店家可以在一對一聊天室中製作專屬於每位顧客的記事本，記錄一些特殊需求、詳細的顧客資訊或是彼此互動事項 (記事本內容只有店家能看到)，能讓不同的管理員在交接處理顧客問題時更清楚狀況。

step 01 於聊天室畫面左側功能表選按 ▣ **聊天**，回到一對一聊天室。

step 02 切換至要製作記事本的好友專屬聊天室中，於右側好友大頭貼下方選按 ⊕ **新增**，輸入要記錄的事項，再選按 **儲存** 鈕。

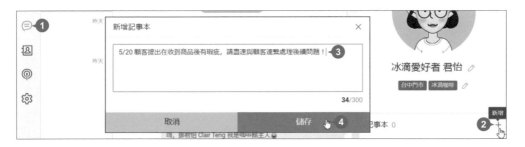

小提示

記事本的限制

一位好友最多可以擁有 100 本記事本，每一個記事本可以有 300 個字，並且會顯示最後編輯人的名稱。

標註 "待處理" 與 "處理完畢" 客服問題不漏接

店家可以在一對一聊天室中針對每位顧客的狀況標註：**待處理、處理完畢**，讓你於好友列表快速了解客服處理狀態！

step 01 切換至要標註狀況的好友專屬聊天室中，會看到 **待處理、處理完畢** 二個按鈕，依顧客的狀況選按標註。

step 02 選按好友列表上方 ☰ **全部**，可以依好友被標註的狀況篩選顯示，包括：**全部、訊息盒、未讀、待處理、處理完畢、垃圾訊息**。

- **全部**：顯示所有非垃圾訊息的好友項目。
- **訊息盒**：顯示已讀或未讀訊息，表示此訊息等待處理或分類。
- **未讀**：顯示尚未讀取好友訊息 (綠色點)，表示此訊息尚未處理。
- **待處理**：顯示已看過正等待被處理或後續追蹤，並標示為 **待處理** 的訊息。
- **處理完畢**：顯示已看過、已處理完畢或判斷為不用處理，並標示為 **處理完畢** 的訊息。
- **垃圾訊息**：顯示選按 ⋮ \ **設定為垃圾訊息** 功能，將好友訊息設定為垃圾訊息的項目。

預設訊息大幅減少客服時間

客服常接到顧客詢問相同的問題，**預設訊息** 功能可以建置一些經常用到的訊息或回答，當顧客詢問時，直接選用合適的預設訊息快速又準確的回覆！

step 01　首先設置預設訊息，於聊天室畫面左側功能表選按 ⚙ **聊天設定 / 預設訊息**。

step 02　選按 **預設訊息**，再選按 **+ 建立** 鈕。輸入預設訊息標題、訊息內容 (選按 **好友的顯示名稱** 鈕可於訊息內容加入顯示名稱)，輸入完後選按 **儲存** 鈕完成一組預設訊息的建立。

—— 小提示 ——

預設訊息的限制

每則預設訊息，標題最多 30 個字，內容最多 1,000 個字，一個帳號最多可以設定 200 則預設訊息。

step 03 依以上方式建立多組預設訊息後，於左側功能表選按 ☰ **聊天**，回到一對一聊天室。

step 04 切換至要回覆訊息的好友專屬聊天室中，選按訊息框功能列 💬 **選擇內容**，即會顯示已設定好的預設訊息，選按欲使用的訊息後，預設訊息內容會出現在訊息框中，選按 **選擇** 鈕後，最後按一下 Enter 鍵即傳送。

與顧客傳送檔案，格式不受限

店家可以在一對一聊天室中傳送任何檔案格式，方便你與顧客互動與溝通！選按訊息框功能列 📎 **檔案**，即可指定檔案傳送，除了一般的相片、影片、音訊檔案類型，還能傳送產品目錄的 Excel、PDF 或是 Word...等檔案。

自動回應訊息，打造 24 小時客服

TIPS 194

店家在忙碌時或是在非營業時間，可以使用 **自動回應訊息** 功能。只要顧客留言與關鍵字相符，會自動回覆指定的訊息，讓店家的生意不漏接！

以下依營業時間，設計不同的訊息回覆方式：

■ 營業時間，例如每週二到日的早上十點到晚上十點，設定為 **聊天** 的 **手動聊天** 模式，由管理員一對一跟顧客聊天回覆訊息。

■ 非營業時間，例如每天晚上到凌晨或是星期一，管理員休息時段、店休，設定為 **聊天** 的 **自動回應訊息** 或 **AI 自動回應訊息** 模式。

整個流程需要先設定營業時間、非營業時間，再建立 **自動回應訊息** 的應答訊息內容 (可加上指定日期或時間與關鍵字相互搭配設定)，最後建立 **AI 自動回應訊息** 的應答訊息內容。

認識 "自動回應訊息" 與 "AI 自動回應訊息"

顧客在非營業時間，傳了一則訊息到店家的官方帳號，詢問：「請問你們這間咖啡館在哪裡？」，**自動回應訊息** 或 **AI 自動回應訊息** 模式處理方式略為不同：

■ **自動回應訊息** 模式：顧客傳送的訊息沒有輸入指定的關鍵字 "地址" 二字，因此會回傳 "無關鍵字" 的自動回應訊息：「你好，因為目前是非營業時間，按 1 查詢營業時間。按 2 查詢店址。按 3 查詢優惠活動。按 4 查詢最新餐點。」。若顧客回傳關鍵字 "2"，就會自動回應訊息：「我們的地址是...」(**自動回應訊息** 模式以是否包含關鍵字判斷自動回應的內容)。

■ **AI 自動回應訊息** 模式：顧客傳送的訊息雖然沒有輸入關鍵字 "地址" 二字，但會智慧判斷是在問地址，並自動回覆：「我們的地址是...」。

設定營業時間、非營業時間不同的客服方式

step 01 於官方帳號管理畫面 **主頁** 標籤,選按畫面右上角 ⚙ **設定 \ 回應設定**,確認 **回應功能** 已開啟 **聊天**。

step 02 開啟 **回應時間**,回應方式 \ 回應時間 核選 **手動聊天**、非回應時間 核選 **自動回應訊息**。

step 03 接著依營業時間、非營業時間設定回應時間,選按 **開啟回應時間的設定畫面**。

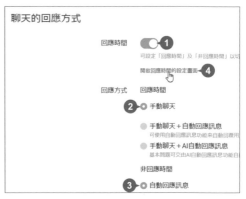

step 04 確認開啟 **使用回應時間功能**,**時區** 若為台灣則是如下圖的 UTC +08:00 Taipei 時區,一一選按週日、週一至週六的綠色區域,指定每天的回應時間,再選按 **儲存** 鈕。

step 05

若某日為公休日，可選按該日綠色區域後，選按 🗑 刪除目前時段，再選按 **儲存** 鈕。

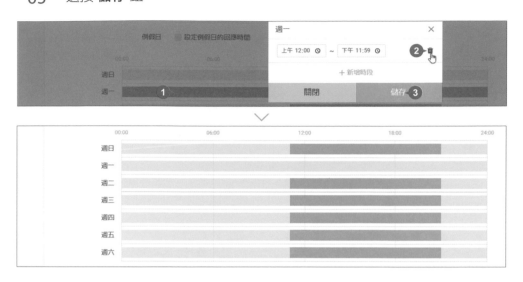

關閉預設的自動回應訊息

自動回應訊息 中，有一則預設的自動回應訊息：「感謝您的訊息！很抱歉，本帳號無法個別回覆用戶的訊息。」，因為目前已開啟一對一聊天室，如果沒有先關閉該則自動回應訊息，一旦顧客於非營業時傳訊即會收到，容易令顧客覺得一頭霧水。

step 01

於官方帳號管理畫面選按 **主頁** 標籤 \ **自動回應訊息**。

step 02

於 **Default** 項目選按右側 **關閉** 鈕、**停用** 鈕，將「感謝您的訊息！很抱歉，本帳號無法個別回覆用戶的訊息。」此則自動回應訊息關閉。

建立 "無關鍵字" 自動回應訊息

針對非營業時間設計一則自動回應訊息，不設定日期、時間、關鍵字，只要顧客於指定的非營業時間 (P12-16 的設定) 傳送訊息，並且確認 **非回應時間** 核選 **自動回應訊息**，即會以這則訊息回應。

step 01 於官方帳號管理畫面選按 **主頁** 標籤 \ **自動回應訊息**，再選按 **建立** 鈕。

step 02 輸入 **標題** 並核選 **一律回應**，而 **關鍵字回應** 與 **指定日期或時間** 不做任何設定。

step 03 於訊息列選按訊息格式：文字、貼圖、相片、優惠券...等，一則訊息只能指定一種格式；若選按 **文字** 訊息，選按 **好友的顯示名稱** 鈕 (訊息一開始會出現好友名稱增加好感度)，再如下圖於訊息框中輸入非營業時間客服選單訊息文字 (指引顧客選按關鍵字：1、2、3、4 取得需要的資訊)，選按 **儲存變更** 鈕、 **儲存** 鈕完成建立。

建立 "關鍵字" 自動回應訊息

自動回應可搭配關鍵字使用，當顧客輸入關鍵字就會自動跳出指定的回應訊息。針對非營業時間設計一則自動回應訊息，在此不設定日期、時間，但指定關鍵字 "1"，只要顧客於指定的非營業時間 (P12-16 的設定) 傳送訊息 "1"，並且確認 **非回應時間** 核選 **自動回應訊息**，即會以這則訊息回應。

step
01
於官方帳號管理畫面選按 **主頁** 標籤 \ **自動回應訊息**，再選按 **建立** 鈕。

step
02
輸入 **標題** 並核選 **關鍵字回應**，**指定日期或時間** 不做任何設定，輸入關鍵字「1」，再選按 **新增** 鈕。

標題 **①**

> 1 營業時間

標題為方便後台管理用，不會向用戶顯示。　　　　　　　　　　　　　　　6/20

回應設定

回應類型　　○ 一律回應
　　　　　　　　系統會回覆所有的訊息。

　　　　　　　◉ 關鍵字回應 **②**
　　　　　　　　系統會在收到與關鍵字完全一致的訊息內容進行回覆。 ※若已登錄多個關鍵字，會在收到與任一關鍵字完全一致的內容時進行回覆。

　　　　　　　　[1 ×] **③**　　　　　　　　　　　　　　　　　　　　　　　[新增] **④**
　　　　　　　　每筆關鍵字的字數上限為30個字。

選項設定　　☐ 指定日期或時間
　　　　　　　　僅希望系統在特定期間或時段進行回覆時選擇。若已設定回覆時間，則不需選擇此選項。

step
03
在此選按 **文字** 訊息格式，選按 **好友的顯示名稱** 鈕 (訊息一開始會出現好友名稱增加好感度)，再如下圖於訊息框中輸入營業時間訊息文字，選按 **儲存變更** 鈕、 **儲存** 鈕完成建立。

編修 AI 自動回應訊息

針對非營業時間設計一則 AI 自動回應訊息,只要顧客於指定的非營業時間 (P12-16 的設定) 傳送訊息,並且確認 **非回應時間** 核選 **AI 自動回應訊息**,即會自動判斷顧客的問題,選擇合適的訊息範本回覆。

step 01 於官方帳號管理畫面選按 **主頁** 標籤 \ **自動回應訊息** \ **AI 自動回應訊息**,頁面中整理了四大主題回應訊息範本:

- **一般問題**:歡迎 / 說明 / 感謝 / 無法回應 / 客訴 / 諮詢內容過多
- **基本資訊**:營業時間 / 付款 / 預算 / 地址 / 最近車站 / 網站 / 電話號碼 / Wi-Fi / 插座 / 座位 / 禁菸/ 可吸煙 / 停車場
- **特色資訊**:推薦
- **預約資訊**:預約 / 取消 / 更改 / 遲到

step 02 編修範本:選按任一主題,再選按要編輯的類型項目,即可進入其編輯畫面,取消核選 **使用範本訊息** 調整訊息內容,調整好後畫面右上角選按 **儲存** 鈕。

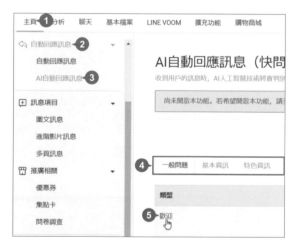

小提示

開啟或關閉部分類型的回覆

基本資訊、特色資訊、預約資訊 三個主題中各類型項目的狀態可選擇 **開啟** 或 **關閉**,若設定為 **關閉**,當顧客傳送訊息詢問已被關閉的問題時,會回傳 **一般問題** 主題中 "無法回應" 類型的訊息內容。

TIPS 195 用 "LINE VOOM" 宣傳與互動

LINE VOOM 類似 Facebook 的動態消息，店家可將公告、產品與活動資訊...等發佈在貼文串傳遞給顧客，顧客可以將貼文串再分享給朋友，提高曝光及新增好友的機會。

"LINE VOOM" 不像 "訊息" 會直接跳出通知，因此常常被認為不如訊息好用。其實只要透過一些貼文技巧再搭配 "訊息" 幫忙，可以引導顧客習慣瀏覽 LINE VOOM，並願意幫貼文點 "讚"、留言與分享。例如於群發訊息中加上：「按右上方的 "貼文" 圖示，於 "七月新品發表" 貼文按 "讚" 並留言，即可獲取折扣代碼~」，提升顧客點選貼文瀏覽的意願及互動。

當顧客於店家的貼文點 "讚"、留言與分享，這篇貼文就會被分享到顧客個人貼文串中，無形之中就幫店家傳播這則活動訊息！

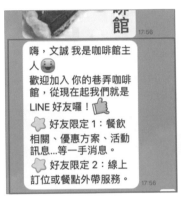

▲ 群發訊息

▲ 貼文內容

建立新 LINE VOOM

step 01
於官方帳號管理畫面選按 **LINE VOOM** 標籤開啟新分頁，再選按 **貼文** 鈕。

step 02 　於訊息列選按訊息格式：可插入照片或影片 (最多上傳 20 張)、貼圖 (使用優惠券和問卷調查無法夾帶照片及影片)。

step 03 　輸入貼文內容，核選 **立即貼文**，再選按 **公開** 鈕即可發佈這則貼文。(若為指定時間貼文，則需核選 **公開時間** 再設定時間點。)

編修貼文內容

step 01 　於官方帳號管理畫面選按 **LINE VOOM** 標籤開啟新分頁，再選按 **貼文一覽**，將滑鼠指標移至想要編修的貼文項目上選按 ✐ **編輯**。

step 02 　會進入該則貼文的編輯畫面，調整內容後選按 **套用** 鈕即可，選按 🗑 鈕則會刪除此則貼文。

LINE VOOM 按 "讚" 與留言互動設定

step 01 於官方帳號管理畫面選按 **LINE VOOM** 標籤開啟新分頁,再選按 **留言 \ 留言設定**。

step 02 畫面中可編輯 **讚/留言**、**自動核准留言**、**管理限制用語**、**管理垃圾訊息** 個別設定,設定完成後選按 **儲存** 鈕。

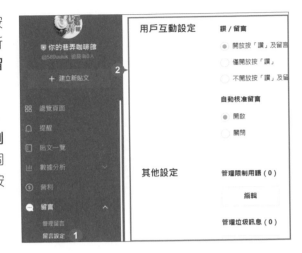

審核及回覆貼文串留言

可以進入貼文一覽表中選按要管理的貼文項目,管理留言標註或回覆、刪除。

step 01 於官方帳號管理畫面選按 **LINE VOOM** 標籤開啟新分頁,再選按 **貼文一覽**,將滑鼠指標移至想要管理的貼文項目上選按 💬 **留言**。

step 02 捲動至該則貼文管理畫面下方,會在此顯示留言內容,並分類整理於 **已核准**、**審核中**、**垃圾訊息** 標籤;至留言好友名稱下方可以將留言:**回覆**、**設定為垃圾訊息**、**將用戶設為黑名單**、**新增限制用語**、**將留言新增至我的收藏**、**查看此用戶的所有留言** 與 **刪除**。(設定為黑名單的好友,若之後要解除需至 **主頁** 標籤 \ **LINE VOOM** 開啟新分頁,再選按 **留言 \ 留言設定** 中調整。)

step 03 於留言好友名稱下方選按 **回覆** 即可回覆該則留言。

TIPS 196 用 "優惠券" 與 "抽獎" 快速增加好友

用優惠券歡迎新加入的好友、將潛在顧客變成你的好友！還可透過定期發送優惠券，讓顧客捨不得封鎖你！

建立優惠券

step 01 於官方帳號管理畫面選按 **主頁** 標籤 \ **推廣相關** \ **優惠券**，再選按 **建立優惠券** 鈕開始建立優惠券。(之後再使用是選按 **建立** 鈕)

step 02 輸入 **優惠券名稱** (最多 60 個字)，設定 **有效期間、時區、圖片** (此張優惠券的禮物或產品)，最後輸入 **使用說明** (最多 500 個字，訊息框中已有預設文字，可依優惠券內容與要求稍加修改)。

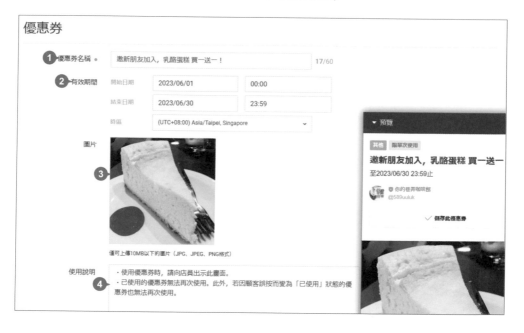

step 03 **進階設定**，依以下說明設定合適的項目，最後選按 **儲存** 鈕完成建立：

- **抽獎** 可設定是否含有抽獎機制，指定中獎機率或中獎人數上限。(因為此份為歡迎好友新加入的優惠券因此不設定抽獎，抽獎相關說明可參考下一頁。)

- **刊登至 LINE 服務** 可選擇看得到優惠券的對象是所有用戶(包含非好友的用戶)。

- **可使用次數** 若核選 **僅限 1 次** 使用後優惠券下方會顯示使用完畢。

- 最後選擇是否顯示 **優惠券序號** 及指定 **優惠券類型**。

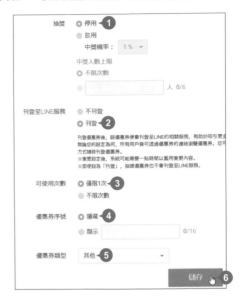

step 04 接著會出現 **分享優惠券** 畫面，可選按合適的方式立即分享這份優惠券，或選按右上角 ⊠ 關閉，待後續要使用時再指定。

編修、複製、刪除與分享優惠券

step 01 於官方帳號管理畫面選按 **主頁** 標籤 \ **推廣相關** \ **優惠券**，選按想要編修的優惠券項目，會進入編輯畫面，編修完成後記得要再選按 **儲存** 鈕。(若已發放此優惠券給顧客，編輯優惠券的內容有可能引起客訴糾紛。)

step 02 於官方帳號管理畫面選按 **主頁** 標籤 \ **推廣相關** \ **優惠券**，於優惠券項目右側選按 ⋯，可以指定 **複製**、**刪除** 與 **分享** 優惠券。

優惠券名稱	有效期間 ⇕	狀態
邀新朋友加入，乳酪蛋糕 買一送一！	2023/06/01 00:00 ~ 2023/06/30 23:59	即將生效

複製
刪除
分享

抽獎送出優惠券

若想透過抽獎送出優惠券，建立優惠券時 **進階設定** 需啟用 **抽獎** 功能並設定 **中獎機率** 與 **中獎人數上限**。**中獎機率** 是抽獎時每個人被抽中的機率，而不是這份優惠券到活動結束的整體中獎率；**中獎人數上限** 是指這張優惠券想送出幾份獎品。

▲ 抽獎畫面　　　▲ 抽獎中　　　▲ 中獎畫面　　　▲ 優惠券畫面

TIPS 197 用 "集點卡" 帶動顧客回流

電子集點卡能讓顧客為了集點兌換獎品，主動成為店家的官方帳號好友，也順勢帶動顧客回流！

集點卡設定

step 01 於官方帳號管理畫面選按 **主頁** 標籤 \ **推廣相關** \ **集點卡**，選按 **建立集點卡** 鈕。

step 02 設定 **背景圖片** (不使用背景圖片也可建立集點卡)、**樣式** 與 **集滿所需點數**，再選按 **選擇優惠券** 鈕、**建立優惠券** 鈕 (集滿點數後可獲得的優惠券)。

step 03 集點卡優惠券 (與前面設計的優惠券不同)，提供了紅、藍、紫色三種樣式：首先選擇 **樣式**、輸入 **優惠券名稱** 與 **使用說明**、設定 **優惠券有效期限**、上傳 **優惠券圖片**，最後選按 **儲存** 鈕、**是** 鈕完成集點卡優惠券建立。

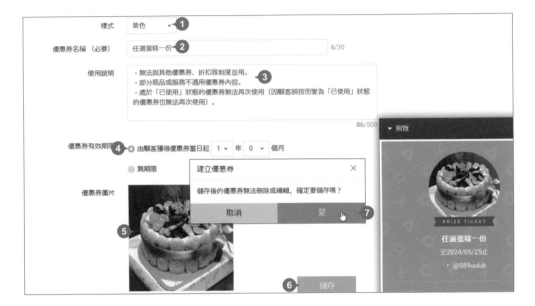

step 04 選擇建立好的集點卡優惠券，回到 **集點卡設定** 畫面，會於 **滿點禮** 看到所選擇的優惠券。

step 05 設定 **額外獎勵** (點數集滿前給予的獎勵；先指定集到多少點數，再選擇優惠券，若無合適的優惠券請同上步驟再製作一份優惠券)、**有效期限** (可設定為 **由顧客最後一次使用日起算** 或 **由顧客取卡日起算** 或 **不設期限**)。

step 06
接著設定 **有效期限提醒** (集點卡到期前的通知)、**取卡回饋點數** (開放時贈送的點數)、**連續取得點數限制**，輸入 **使用說明**。

完成以上設定後選按 **儲存並建立升級集點卡** 鈕 (升級集點卡 是當顧客集點完成後接續的下一張卡，選按此鈕會儲存目前這張卡的設定並建立後續多張集點卡，可針對不同的集點卡設定不同的滿點優惠禮。)。

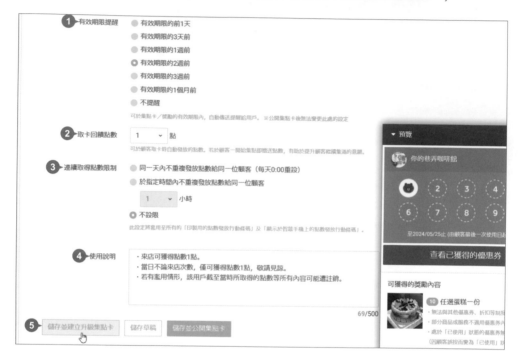

step 07
進入第二張集點卡的設定，於畫面下方 **建立** 可指定第二張卡的 **樣式**、**集滿所需點數**、**滿點禮**、**額外獎勵** 四個項目，其他項目已於第一張卡中統一設定，設定完成後選按 **儲存** 鈕。

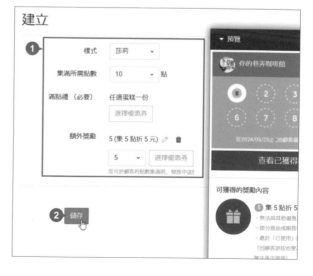

集點卡的管理與編修

完成集點卡的建立，於官方帳號管理畫面選按 **主頁** 標籤 \ **推廣相關** \ **集點卡** \ **集點卡設定**，**升級集點卡設定** 畫面中可以看到目前已設定的集點卡，選按任一集點卡會於下方展開設定項目，編輯後記得選按 **儲存** 鈕。

· **升級集點卡共通設定** 是每一張集點卡的統一設定。

· 顧客拿到第一張集點卡為 stamp card (1)，集滿點後自動切換至 stamp card (2)，選按 **新增升級集點卡** 鈕可再新增下一張 stamp card (3)，以此類推。

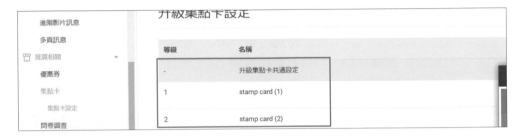

公開集點卡、正式上線

完成集點卡的建立，於官方帳號管理畫面選按 **主頁** 標籤 \ **推廣相關** \ **集點卡** \ **集點卡設定**，再選按 **升級集點卡共通設定**，於畫面最下方選按 **儲存並公開集點卡** 鈕，再選按 **公開** 鈕，即正式上線發送給顧客滿額集點。

─ 小提示 ─

集點卡的限制

• 目前一個 LINE 官方帳號只能建立一個集點卡活動。

• 公開集點卡後，集點卡中設定的 **有效期限**、**有效期限前提醒** 均不能修改，其他設定項目雖然可以修改，但任意修改容易產生顧客糾紛。

發送集點卡

儲存並公開集點卡後，可以列印點數發放行動條碼 (QR Code)，一旦顧客消費滿額要集點時，只要掃描條碼即可發送點數 (首次集點會發送集點卡)。

step 01　於官方帳號管理畫面選按 **主頁** 標籤 \ **推廣相關** \ **集點卡** \ **集點卡設定**，選按 **印製行動條碼** 鈕。

step 02　選按 **建立** 鈕，輸入 **行動條碼名稱**，設定 **發送點數** (每次掃描條碼發送的點數)、**掃描期限**、**以位置資訊設限** (以防紙本行動條碼被隨意掃描)、**連續取得點數限制**，選按 **儲存並顯示檔案** 鈕完成行動條碼設定。

step 03　選按合適的行動條碼樣式立即下載該圖片，或選按 **一併下載** 鈕將三款樣式全下載，再自行列印使用 (可按 ⊠ 關閉選擇樣式視窗)。(請注意：只要掃描此行動條碼就能獲得點數，即使未實際到店消費也一樣，因此貼文時記得不能分享此行動條碼圖片！)。

集點卡點數紀錄

集點卡發送一段時間後，選按 **主頁** 標籤 \ **推廣相關** \ **集點卡** \ **點數發放記錄** 可查看顧客的集點紀錄，了解使用狀況，也可選按 **下載** 鈕將相關數據以 CSV (純文字檔案) 下載回來分析。

停止集點卡

店家可以視情況停止公開的集點卡，選按 **主頁** 標籤 \ **推廣相關** \ **集點卡** \ **集點卡設定**，選按 **停止公開集點卡** 鈕。然而一旦停止公開就無法再恢復，會重設顧客集點卡且從停止公開日算起第三日才能再提供新的集點卡，請特別注意！

小提示

掃描行動條碼的注意事項

- 列印出來的紙本行動條碼不會標註發送點數，建議店家可自行標註，以免與顧客產生糾紛。

- 首次掃描集點卡行動條碼的顧客，若尚未加入店家 LINE 官方帳號好友，第一次會被要求要先加入好友。

- 若擔心紙本行動條碼容易被盜掃點數，可以於行動裝置安裝 **LINE Official Account App**，點選 **主頁** \ **集點卡** \ **於智慧手機上顯示行動條碼**，由裝置畫面產生行動條碼同時也能指定要發放的點數。

- 不論是紙本或於行動裝置上的行動條碼，顧客都需開啟行動裝置 (手機) 上的 LINE App，點選 **主頁** \ **加入好友** \ **行動條碼**，利用此行動條碼掃描器掃描，才能正確的取得集點卡與點數。

用 "問卷調查" 洞悉顧客

TIPS 198

透過群發訊息、貼文串邀請顧客參與問卷調查，藉此了解顧客對店家服務滿意度、產品偏好、活動建議...等，進而優化經營方式。

建立問卷

店家提供的服務真的符合顧客期待嗎？使用問卷可透過各種題目收集顧客的想法，因此在開始建立時，必須先明確了解要調查的目標，才能準確設計出一份有效的問卷調查。

step 01 於官方帳號管理畫面選按 **主頁** 標籤 \ **推廣相關** \ **問卷調查**，再選按 **建立** 鈕新增問卷。

step 02 **基本設定：**
問卷調查名稱、問卷調查時間 (開始、結束日期時間)，接著上傳 **主要圖片**、輸入 **問卷調查說明** 內容、核選 **公開範圍** (可為 **僅限好友** 或 **所有 LINE 用戶**)。

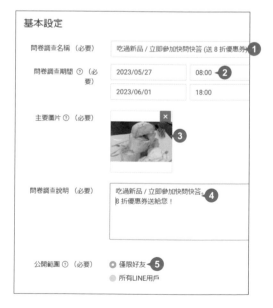

step 03

說明頁面設定：
選按 **選擇** 鈕挑選合適的圖示、上傳 **說明頁面圖片**、確認是否顯示 **聯絡資訊** 與 **用戶同意** (用戶在回答前需同意問卷調查的相關規定)。

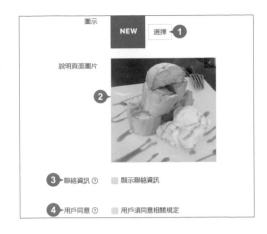

step 04

謝禮頁面設定：
謝禮 指定使用之前建立的優惠券 (P12-24)，吸引顧客參與問卷調查，輸入 **感謝訊息** (回答完問卷後所顯示的訊息)，完成後選按 **下一步** 鈕。

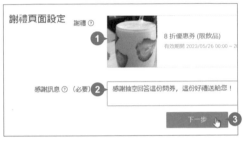

step 05

問題設定：
用戶屬性 包含 **性別、年齡、居住地**，核選欲調查的屬性項目，其 **選項** 中設定 **自訂答案選項**，再於下方欄位中輸入答案項目 (按 Enter 鍵區分答案項目)。

step 06

自訂問題：選按 **選擇** 鈕，核選題型 **單選** 或 **複選**，再選按 **選擇** 鈕，完成問題 1 的題型指定。

step 07

自訂問題 \ 問題 1：

- 輸入 **問題** (可上傳圖片)，再分別於 **選項 1**、**選項 2** 中輸入 **選項** 內容，一個問題至少需要二個選項。

- 可再選按 **新增選項** 鈕增加選項，或選按 **新增問題** 鈕繼續出題。

待完成出題，選按 **儲存** 鈕。

發送問卷與查看結果

店家可透過歡迎訊息、群發訊息、自動回應訊息、貼文串...等發送問卷調查，邀請顧客參與。待問卷調查結束後，可以到 **主頁** 標籤 \ **推廣相關** \ **問卷調查** 畫面 **已結束的問卷調查** 標籤中，下載查看結果。

▲ 問卷說明頁面　　▲ 問題 1、2　　▲ 問題 3 (有圖片)　　▲ 謝禮頁面

超吸睛圖文、影音訊息

簡單設定就能製作出滿版的圖片與影片訊息,吸引好友目光也讓訊息更有可看性,可以說是店家不可或缺的行銷利器。

圖文訊息

圖片上搭配簡單的文案內容 (最多可放六張圖),可用來傳遞店家最新資訊、活動主打產品,與顧客的互動可以指定連結、贈送優惠券、開啟集點卡、推薦店家帳號給好友...等。(**圖文訊息** 目前僅支援於電腦官方帳號管理畫面中建立與設定)

step 01 於官方帳號管理畫面選按 **主頁** 標籤 \ **訊息項目** \ **圖文訊息**,選按 **建立** 鈕,開始建立圖文訊息。

step 02 輸入 **標題** 內容 (顯示於推播通知及聊天一覽)。

step 03 選按 **選擇版型** 鈕:提供多種不同的版型,依這則圖文訊息想要分隔呈現的圖片數或連結數選擇合適的版型,再選按 **選擇** 鈕。

step 04 選按 **上傳圖片** 鈕:只能上傳一個圖片檔,但會自動依據選擇的版型分隔不同區域,上傳的圖片必須為 1040 × 1040 像素規格。(LINE 提供了二項 **圖文訊息** 的圖片設計工具:PSD 格式範本檔、或選按 **建立圖片** 鈕設計,相關的操作說明可參考 P12-36。)

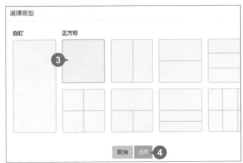

step 05 依據前面選擇的版型指定各區塊動作：**類型** 選擇 **連結**，輸入網址可推廣 FB 粉絲專頁；選擇 **優惠券** 可指定事先設計好的優惠券項目，輸入 **動作標籤** 說明內容，最後選按 **儲存** 鈕完成設定並儲存。(更多動作設計可參考 P12-43)

設計好的 **圖文訊息** 可透過群發、歡迎訊息⋯等方式發送，就能將店家資訊以滿版圖片方式呈現給顧客。

小提示

設計圖片訊息圖片的方式與注意事項

• **圖文訊息** 可上傳的圖片尺寸：正方形版型 1040 × 1040 像素、自訂版型為寬度 1040 × 高度 520 ～ 2080 像素。

• 設計圖片的二項工具，工具一：於 **圖文訊息** 畫面，選按下方的 **建立圖片** 鈕可進入圖片的編輯畫面，在此可插入圖片、加入文字、加入背景色⋯等，設計好選按 **套用** 鈕。

工具二：於 **圖文訊息** 畫面 **訊息設定** 區塊右側，選按 **設計規範** 鈕，再選按 **下載範本** 鈕，可下載一組 PSD 格式範本檔，方便你於相關軟體 (例如 Photoshop) 開啟正確的版面尺寸設計。

• 此例的圖文訊息設計為 **連結** 類型，因此當顧客選按接收到的圖文訊息圖片，即會開啟指定網址畫面，建議加上手指或按鈕圖示，提高顧客的點擊率！

進階影片訊息

進階影片訊息與圖文訊息一樣，可以置入連結，並會以滿版呈現視覺內容。(**進階影片訊息** 目前僅支援於電腦官方帳號管理畫面中建立與設定)

step 01 於官方帳號管理畫面選按 **主頁** 標籤 \ **訊息項目** \ **進階影片訊息**，選按 **建立** 鈕開始建立進階影片訊息。

step 02 輸入 **標題** (顯示於推播通知及聊天一覽)，選按 **請點選此處上傳影片** (建議格式：MP4、MOV、WMV，檔案 200MB 以下)。

step 03 **動作鍵** 核選 **顯示**，**連結網址** 輸入選按影片指定開啟的網頁網址，**動作鍵顯示文字** 核選合適的項目，最後選按 **儲存** 鈕完成設定。

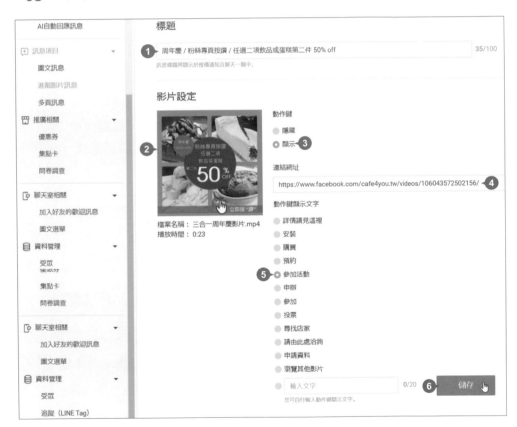

設計好的 **進階影片訊息** 可透過群發、歡迎訊息...等方式發送，將店家資訊以滿版影片方式呈現給顧客。

多頁訊息

多頁訊息是以滑動
式圖片呈現的訊息
格式，一次可曝光
多則要宣傳的訊
息，善用此訊息格
式能幫店家節省訊
息量與費用，也不
會因為過度頻繁的
訊息推播造成顧客
的困擾。(**多頁訊息**

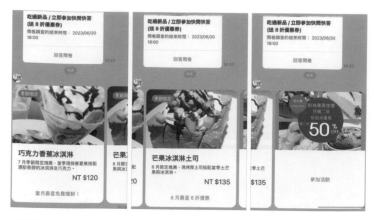

目前僅支援於電腦官方帳號管理畫面中建立與設定)

step 01 於官方帳號管理畫面選按 **主頁** 標籤 \ **訊息項目** \ **多頁訊息**，選按 **建立** 鈕開始建立多頁訊息。(初次使用會有教學說明，可選按 **下一步** 鈕了解更多說明。)

step 02 **頁面設定**：輸入 **標題** (顯示於推播通知及聊天一覽)，**頁面類型** 選按 **選擇** 鈕，依照宣傳目的選擇合適的頁面類型 (此例選擇 **商品服務** 示範後續設定)，再選按 **選擇** 鈕。

step 03 輸入 **宣傳標語** 吸引好友目光：例如，買一送一、季節限定、新品上架...等，有六種顏色供選擇。接著指定 **圖片** 數量、上傳產品圖片。

<table>
<tr><td>

step
04

輸入 **頁面標題**、**文字說明** 與 **價格** (有不同幣值供選擇)；設定 **動作** 引導好友點擊，最多 二個動作也可都不設定：在此核選 **動作1**、輸入名稱、指定 **類型** (**網址**、**優惠券**、**集點卡**、**問卷調查**、**文字**)、輸入說明文字。

</td><td>

</td></tr>
</table>

step
05 **新增頁面**：多頁訊息可以一次傳送 9 個頁面，選按 **新增頁面** 鈕即可新增一頁，每一頁的設定方式均相同。

step
06 設計結尾頁：選按 **結尾頁** 標籤，再選按 **變更** 鈕，選擇 **有圖** 或 **無圖** 版型，上傳圖片、輸入 **動作**、指定 **類型** (**網址**、**優惠券**、**集點卡**、**問卷調查**、**文字**)，最後選按 **儲存** 鈕完成設定。

設計完成的 **多頁訊息** 可透過群發、歡迎訊息...等方式發送，將店家資訊以更吸睛的方式呈現給顧客。

絕佳曝光度圖文選單

TIPS **200**

圖文選單 是固定於聊天室畫面下方的選單,具有絕佳曝光度,常用於提供優惠券、相關網址連結及宣傳活動資訊...等。

聊天室傳送的各式訊息很多,將顧客常用及感興趣的資訊設計在圖文選單中,能讓顧客快速的取得需要的訊息,進而提升對店家的好感度與黏著度。**(圖文選單目前僅支援於電腦官方帳號管理畫面中建立與設定!)**

step 01
於官方帳號管理畫面選按 **主頁** 標籤 \ **聊天室相關** \ **圖文選單**,第一次設定選按 **建立圖文選單** 鈕開始建立圖文訊息。(之後建立只要選按 **建立** 即可)

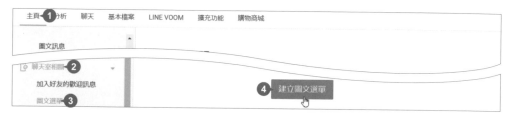

step 02
基本設定:
- **標題** 輸入標題只會顯示於管理介面,方便管理時辨識。
- **使用時間** 設定此圖文選單的開始與結束時間,開始時間一到即會自動於聊天室畫面下方出現,結束時間一到即關閉。

step 03
版型 右側選按 **選擇** 鈕:提供 **大型、小型** 多種不同的版型,依這則圖文選單想要分隔呈現的圖片數或連結數選擇合適的版型,再選按 **套用** 鈕。

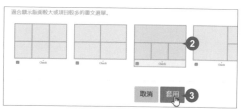

step 04　接著會開啟調整視窗，確認無誤後，右上角選按 **套用** 鈕二次即可。

step 05　**圖片** 右側選按 **設定**，再選按 **上傳整體背景圖片**：只能上傳一個圖片檔，但會自動依據所選擇的版型分隔不同區域 (圖片檔格式限定與 **圖文選單** 的圖片設計工具相關操作說明可參考 P12-42。)

step 06　依據前面選擇的版型指定各區塊動作，在 **動作** 中指定 **類型**：

- 選擇 **連結**，可輸入網址推廣 Facebook 粉絲專頁、貼文、邀請好友 (可參考 P12-43)。
- 選擇 **優惠券**、**集點卡** 需指定事先設計好的項目
- 選擇文字可傳遞訊息給店家。

step 07　**設定選單列**：

- **選單列顯示文字** 指定聊天室畫面下方選單列會顯示的文字，預設為：**選單**。
- **預設顯示方式**：核選 **顯示**，一進入聊天室會直接顯示此圖文選單，若核選 **隱藏**，需顧客選按選單列才會展開。

最後選按 **儲存** 鈕完成設定。

小提示

設計圖文選單圖片的方式與注意事項

- **圖文選單** 可上傳的圖片尺寸必須符合任一像素規格：2500 × 1686、2500 × 843、1200 × 810、1200 × 405、800 × 540 、800 × 270，且檔案容量 1MB 以下，建議格式為 JPG、JPEG 或 PNG。

- 設計圖片的三項工具，工具一：於 **圖文選單** 畫面，選按下方的 **為每個區塊個別建立圖片** 鈕可進入圖片的編輯畫面，在此可插入圖片、加入文字、加入背景色...等，設計好選按 **套用** 鈕。

工具二：於 **圖文選單** 畫面 **內容設定** 區塊右側，選按 **設計規範** 鈕，再選按 **下載範本** 鈕，可下載一組 PNG 格式範本檔，再於相關軟體 (例如 Photoshop) 開啟正確的版面尺寸設計。 (下載的範本中 <Large> 資料夾為大型版型範本，<Compact> 資料夾為小型版型範本，各資料夾又包含 Large、Medium、Small 三種尺寸，建議使用 Medium 尺寸，適合一般裝置。)

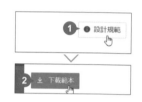

工具三：LINE 準備了多種情境的官方帳號選單應用模版 (https://www.linebiz.com/tw/oa-template-download/)，選按合適的素材包下載，或是選按圖片開啟後，於圖片上按滑鼠右鍵 **另存圖片**，再上傳管理後台就能直接使用。

─ 小提示 ─

透過圖文選單，讓好友開啟指定的 LINE VOOM 貼文

1. 選按 **LINE VOOM** 標籤，選按
   要指定開啟的貼文，於標題下
   方選取、複製網址。

2. 回到 **圖文選單** 項目編輯畫面，於指定 "開啟貼文" 的動作項目中，設定 **類
   型：連結**，再貼上網址即可。

透過圖文選單，由好友邀請好友加入

回到 **圖文選單** 編輯畫面，於 "邀請好友" 項目中，設定 **類型：連結**，輸入：
「line://nv/recommendOA/」，後方再輸入店家的 LINE ID (可於畫面最上方的
帳號名稱右側看到 LINE ID)，例如：「line://nv/recommendOA/@589uu」，

如此一來點選 "邀請好友"
區塊即會開啟 **選擇傳送對
象** 的畫面，由好友邀請他
的好友加入。

經營成效數據分析

TIPS 201

LINE 將官方帳號的後台數據，都集中在 **分析** 標籤中，方便小編與
店家老闆們快速掌握經營成效。

於官方帳號管理畫面選按 **分析** 標籤，
可看到 **好友**、**基本檔案**、**訊息則數**、
群發訊息、**漸進式訊息**、**聊天室相
關**...等項目，選按各項目將於專頁整理
相關數字分析輔以圖表呈現。

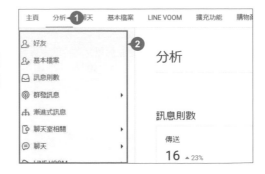

超人氣 FB+IG+LINE 社群經營與行銷力(第二版)：用 235 招快速聚粉，飆升流量變業績！

作　　者：鄧君如 總監製 / 文淵閣工作室 編著
企劃編輯：王建賀
文字編輯：江雅鈴
設計裝幀：張寶莉
發 行 人：廖文良

發 行 所：碁峰資訊股份有限公司
地　　址：台北市南港區三重路 66 號 7 樓之 6
電　　話：(02)2788-2408
傳　　真：(02)8192-4433
網　　站：www.gotop.com.tw
書　　號：ACV045600
版　　次：2023 年 08 月二版
　　　　　2024 年 06 月二版二刷
建議售價：NT$500

國家圖書館出版品預行編目資料

超人氣 FB+IG+LINE 社群經營與行銷力：用 235 招快速聚粉，飆
升流量變業績！/ 文淵閣工作室編著. -- 二版. -- 臺北市：碁峰
資訊, 2023.08
　　面；　公分
　　ISBN 978-626-324-589-1(平裝)

　　1.CST：網路行銷　2.CST：網路社群

496　　　　　　　　　　　　　　　　112012387